江苏高校哲学社会科学研究基金项目——"人机协同智能系统的推理机制及其哲学研究"（2017SJB0292）

"十三五"南京医科大学重点学科（"思想政治教育"）建设资助

人机协同系统的哲学研究

刘步青◎著

GMSKWK

光明社科文库 GUANG MING SHE KE WEN KU

光明日报出版社

图书在版编目（CIP）数据

人机协同系统的哲学研究 / 刘步青著. -- 北京：
光明日报出版社，2018.10
ISBN 978 - 7 - 5194 - 4705 - 2

Ⅰ.①人… Ⅱ.①刘… Ⅲ.①人-机系统—研究
Ⅳ.①TB18

中国版本图书馆 CIP 数据核字（2018）第 232924 号

人机协同系统的哲学研究

RENJI XIETONG XITONG DE ZHEXUE YANJIU

著　　者：刘步青

责任编辑：庄　宁　　　　　　　责任校对：赵鸣鸣
封面设计：中联学林　　　　　　责任印制：曹　净

出版发行：光明日报出版社
地　　址：北京市西城区永安路 106 号，100050
电　　话：63131930（邮购）
传　　真：010 - 67078227，67078255
网　　址：http：//book. gmw. cn
E - mail：zhuangning@ gmw. cn
法律顾问：北京德恒律师事务所龚柳方律师

印　　刷：三河市华东印刷有限公司
装　　订：三河市华东印刷有限公司
本书如有破损、缺页、装订错误，请与本社联系调换，电话：010 - 67019571

开　　本：170mm × 240mm
字　　数：148 千字　　　　　　印　　张：11. 5
版　　次：2019 年 1 月第 1 版　　印　　次：2019 年 1 月第 1 次印刷
书　　号：ISBN 978 - 7 - 5194 - 4705 - 2
定　　价：58. 00 元

序

当今社会对人工智能的研究方兴未艾；而人工智能的研究成果也开始广泛应用到了生产生活的方方面面。正是基于人工智能研究的重要意义，习近平总书记在中国共产党第十九次全国代表大会报告中提出"推动互联网、大数据、人工智能和实体经济深度融合"；2016 年 8 月 8 日，国务院发布了《"十三五"国家科技创新规划》，明确将人工智能列为"面向 2030 年科技创新重大项目"。在人工智能研究领域，最新产生的分支之一是"人机协同系统"（Human-Computer Collaborative Systems），那么，何谓"人机协同系统"？

纵观人工智能与人机协同系统的发展史，可以发现：自从 20 世纪 40 年代电子计算机的问世以及随后人工智能研究的兴起，计算机开始代替人类承担繁重的计算与推理工作。计算机的计算能力很强，推理能力突出，尤其擅长快速处理大规模的数据；而人类在处理问题时，则具备计算机所欠缺的灵活性与创造性等等。当人类面对的问题越来越复杂和困难时，仅仅依靠人或者计算机单独一方的能力通常难以解决，需要人和计算机相互协同，紧密配合，各自发挥自身的长处。于是，人机协同系统便应运而生。

人机协同系统又可以称为人机结合系统（Human-Computer Associative Systems）、人机整合系统（Human-Computer Integrated Systems）等。通常认为，人机协同系统是由人和计算机共同组成的一个系统；其中计算机主要负责处理大量的数据计算以及部分推理工作（例如演绎推理、归纳推理、类比推理等等）；在计算机力不能及的部分，特别是选择、决策以及评价等工作，则需要由人来负责，从而充分发挥出人的灵活性与创造性——人与计算机相互协同，密切协作，可以更为高效地处理各种复杂的问题。

经历了数十年的发展，人机协同系统已经广泛地应用于语音识别、图像处理、医疗诊断、金融决策、天气预报、生物工程、地质勘探等领域，深刻地影响了科学技术的发展，以及生产生活的方方面面。以 Google 旗下 Deep Mind 公司开发的 AlphaGo 为例，2016 年 1 月，AlphaGo 的算法与推理机制在 *Nature* 上发表；3 月，AlphaGo 以 4：1 的比分战胜了围棋世界冠军李世石九段，震惊了世界；2017 年 5 月，AlphaGo 的升级版又以 3：0 的战绩战胜了围棋世界排名第一、世界冠军柯洁九段；2017 年 10 月，Deep Mind 团队在 *Nature* 又发表一篇论文，介绍了一种基于增强学习方法的算法，指出 AlphaGo 的升级版不需要人类的数据、指导或者除了规则之外的其他专业知识，就已经更加超越了人类的性能。这表明人机协同系统在原理架构、推理机制与实际应用等各个方面都已经跃上了一个崭新的台阶。人机协同系统作为人工智能的最新分支之一，加强对其理论研究、应用推广以及哲学反思，对于我国人工智能事业的发展与《"十三五"国家科技创新规划》的顺利实现无疑具有着哲学意义上的推动作用。

然而纵观国内外学者对于人机协同系统的研究，可以发现一些明显的不足之处：

首先，关于人机协同系统推理机制的研究，国内外学者对人机协同系统的推理机制进行了某一方面或者某几方面的细致刻画，但是对其推理机制的整体性构思与刻画较为缺乏。笔者通过对人机协同系统学术史的考察，发现计算机从一开始只是帮助人进行辅助性的计算、推理和决策，到后来具有越来越多的自主学习和推理能力，甚至某些计算机和人工智能系统已经具备了原本只有人类才具有的直觉能力。这表明，人机协同系统的推理机制实际上是一个动态迁移过程——即人的推理能力和智能水平不断向人工智能系统动态迁移的过程。

其次，关于人机协同系统的哲学研究，虽然国内外学者对人机协同系统相关的哲学问题有所涉及，但存在着两个非常明显的不足：一是这种哲学研究通常是内嵌于人工智能哲学的一般框架中，并没有对人机协同系统在哲学上所体现的特殊性进行具体的分析。二是对人机协同系统的哲学研究通常只关注本体论、认识论和价值论的某一方面，而很少对这三个方面进行系统的探究，以揭示它们之间的内在联系。

本书的学术与应用价值正是体现在：首先，对人机协同系统的推理机制进行整体性的描绘，明确其推理机制是一个动态迁移的过程——即人的推理能力和智能水平不断向人工智能系统动态迁移的过程，并对以往的研究做出进一步的完善；其次，在此基础上，论证人机协同系统的本体论地位、认识论变革与价值论意义，并指出三者在哲学层面的密切联系与内在统一性，以弥补当前国内外学者对其哲学研究中存在的不足之处，更好地揭示人机协同系统的哲学意义，增进对人工智能的现实理解与价值反思，并对我国人工智能事业的发展起到哲学层面的积极推动作用。

在本书的绪论中，首先讨论和界定了人机协同系统的概念，并就国内外关于人机协同系统的研究现状进行了综述。

第二章首先阐述了人工智能的思想渊源与发展历史，分析了人工智能的主要学派——符号主义学派、联结主义学派以及行为主义学派，认为经典的人机协同系统大致可以划归为符号主义学派；然后，叙述了人机协同系统的历史、现状以及未来的发展方向，指出人机协同系统将进一步解放人类的双手与大脑。

第三章着重分析了人机协同系统的推理机制的特点、实现条件和基本结构。首先，对人类的推理方式与计算机的推理方式进行了比较，认为人类与计算机在推理方面各有优缺点，因此，取长补短、整合两者的优点是人机协同系统产生的基础。接着，论述了人机协同系统的实现条件——需要人与计算机合理分工、共同协作。并在此基础上，分析了人机协同系统的推理机制的基本结构，特别是，提出了人机协同系统的推理机制实际上是一个动态迁移过程的新观点。

第四章以"沃森医生"和"AlphaGo"为案例，对人机协同系统的推理机制实际上是一个动态迁移过程这一观点进行了较为详细的论证。"肿瘤专家顾问"专家系统——"沃森医生（Watson）"可以说是医疗诊断领域最为著名、最为先进的专家系统，"沃森医生"的出现，极大地提高了医生对于不同病情的诊断率，并强烈地冲击了人们传统的医疗观念。2016 年 3 月，围棋对弈专家系统"AlphaGo"凭借拥有自主学习的能力，战胜了世界围棋冠军李世石九段。通过对"沃森医生"和"AlphaGo"推理机制的阐述与比较，发现人机协同系统在数年里取得的长足进展，正是体现了人的推理能力和智能水平不断向人工智能系统动态迁移的过程，从而支持了上述的观点。

第五至七章对人机协同系统的哲学问题进行了探究。第五章中，对西蒙（Herbert Alexander Simon）和纽厄尔（Allen Newell）提出的"物理符号系统假设"作出了新的诠释，认为其更准确的表述是"物理实现的符号系统假设"。在此基础上，进一步论证了人机协同系统本质上是一个计算系统。

第六章则阐述了在某些情况下，人机协同系统可以看作是一类新型的认识主体，并且论证了人机协同系统可以大大提高人类认识世界和改造世界的能力。

第七章重点讨论了人机协同系统的价值论问题，论证了人机协同系统能够提升人类价值，推进人类文化的进化；同时，也指出和分析了可能存在的风险。

在本书的最后，笔者对人机协同系统的发展持有一种乐观的态度。一方面在于，随着人工智能与人机协同系统的发展，计算机会更好、更高效地替代人类的工作，人类可以将更多的时间与精力投入到创造性工作上去，从而促进社会的进步与文化的进化。另一方面则在于，面对人工智能可能出现的风险和威胁时，人类所拥有的智慧与能力，会不断地面对并化解这种危机。

目　录
CONTENTS

第一章　绪论 ·· 1

一、人机协同系统的概念 ······································· 2

二、国内外相关文献综述 ······································· 6

三、研究进路、研究框架和创新点 ······················ 12

第二章　人机协同系统产生的思想背景和发展历程 ········ 14

一、人工智能的思想渊源 ······································ 15

二、人工智能的发展历史 ······································ 21

三、人工智能的主要学派 ······································ 27

四、人机协同系统的发展现状 ······························ 31

五、人机协同系统的未来趋势 ······························ 34

第三章　人机协同系统的推理机制 ····························· 36

一、逻辑学中的推理概念 ······································ 36

二、人的推理方式 ··· 39

三、计算机的推理方式 ··· 43

四、两种推理方式的比较 ······································ 52

　　五、人机协同系统的实现条件 ……………………………………… 54

　　六、人机协同系统的结构特征与推理机制 ……………………… 55

第四章　人机协同系统推理机制的实例分析——以"沃森医生"与

　　　　 "AlphaGo"为例 …………………………………………… 60

　　一、人机协同系统的范例——专家系统 ………………………… 61

　　二、实例分析Ⅰ："沃森医生"——"肿瘤专家顾问"专家系统 …… 67

　　三、实例分析Ⅱ："AlphaGo"的推理机制 ……………………… 78

　　四、人机协同系统推理机制的进展——从"沃森医生"到"AlphaGo" … 89

第五章　人机协同系统的本体论地位 ……………………………… 91

　　一、关于本体论 …………………………………………………… 92

　　二、物理符号系统假设 …………………………………………… 93

　　三、人机协同系统的本体论基础 ………………………………… 96

　　四、人机协同系统本质上是计算系统 …………………………… 103

第六章　人机协同系统的认识论意蕴 ……………………………… 105

　　一、知识和认识论 ………………………………………………… 105

　　二、认识主体和认识客体的变化 ………………………………… 111

　　三、基于人机协同系统的知识获取 ……………………………… 113

　　四、人机协同系统与知识辩护 …………………………………… 115

　　五、人机协同系统与人的行动 …………………………………… 118

第七章　人机协同系统的价值论问题 ……………………………… 120

　　一、价值与价值论 ………………………………………………… 120

　　二、人机协同系统如何提升人的价值 …………………………… 123

三、人机协同系统对文化进化的作用 …………………… 124

四、人机协同系统的风险与对策 …………………………… 127

第八章 结语 ………………………………………………… 135

附录:AlphaGo 团队:《用深度神经网络和树搜索掌握围棋》………… 138

参考文献 …………………………………………………… 157

后记 ………………………………………………………… 166

续后记 ……………………………………………………… 168

第一章

绪　论

　　20 世纪 40 年代，电子计算机的问世，以及随后人工智能的兴起，使得人类社会的进化跃上了一个崭新的阶段。从此，人们不仅仅满足于将心智运作的结果（例如知识）外化和对象化，而且不断地把创造和处理符号的认知能力（例如计算、推理等智能）外化和对象化，结果，一种能够更有效地求解问题的新系统形成了，那就是人机协同系统（Human-Computer Collaborative Systems）。人机协同系统也可以称为人机结合系统（Human-Computer Associative Systems）、人机整合系统（Human-Computer Integrated Systems）

　　如今，计算机和人工智能的发展取得了前所未有的成就。人与计算机协同地来面对和求解问题，已经成为科学研究、物质生产、信息服务乃至日常生活的基本方式之一。特别是当人类社会面对越来越复杂和困难的问题时，例如人体系统、社会系统、地质系统、气候系统以及生态系统等各方面的问题，仅仅依靠人或者计算机单独一方的能力是远远不足以解决的；也就是说，需要人和计算机相互协同，紧密配合，才有可能加以解决。这其中，充分发挥人和计算机在推理方面各自的长处，弥补各自的不足，实现运用人机协同系统有效地解决问题，就显得十分重要。

　　不仅如此，人机协同系统的出现，也生发了一系列值得探究的哲学问题，例如：这样的系统的本体论地位如何？在获取和生成知识方面有哪些特点？对于人的生存和发展具有什么重要的影响？等等。

本书作者就是试图通过对人机协同系统产生的学术背景和发展历程的追溯，系统地探讨人机协同系统的推理机制，并且深入地探究其中所蕴含的基本哲学问题和哲学意义。

一、人机协同系统的概念

在学科上，对人机协同系统的研究主要归属于人工智能，相应地，对其中的哲学问题的研究也包括在人工智能哲学中。这里，让我们首先对人机协同系统这一概念的产生及其含义作一简单和概括的考察。

在国内，已经有不少学者和专家对人机结合系统或人机协同系统进行了刻画。1984年，张守刚、刘海波在讨论机器求解问题时就已经提出，在机器推理和求解问题的过程中，必须由人来参与。如何将问题形式化，如何将推理规则及程序放到机器中，以及如何解决机器在求解问题时遇到的难题，都需要人来处理。"机器求解问题，实际上是人——机求解问题系统。人的智能加上物化的智能——机器智能所构成的人——智能机系统将是今后智能系统发展的一个重要方向。"① 1988年，马希文提出了人与机器结合的观点，人利用机器，机器辅助人，共同完成一项复杂的工作。② 1990年，钱学森在研究系统科学和工程时，第一次提出了"综合集成工程"（Meta-synthetic Engineering）的构想。所谓的"综合集成工程"，是对开放复杂巨系统的研究基础上提炼、概

---

① 张守刚、刘海波：《人工智能的认识论问题》，北京：人民出版社，1984年，170页。
② 董军：《人工智能哲学》，北京：科学出版社，2011年，51–52页。

括和总结出来的一种工程研究方法。关于开放复杂巨系统的研究通常需要借助计算机技术和相关专家的参与，建立起包含大量参数的模型；这些模型通过人机交互，反复实验，逐次逼近，最后形成结论。其本质是将计算机以及（跟主题相关的）专家二者有机结合起来，构成一个高度智能化的人机交互系统。其中计算机和人（专家）在该系统中均是不可替代的。① 1994 年，路甬祥和陈鹰在研究机械科学和工程的基础上，首次提出了"人机系统"（Human-Machine System）的概念。人机系统强调人与机器相互合作，各自发挥出自身的优势，争取最高效地完成一项工程或工作。②

2007 年，台湾学者陈杏圆、王焜洁指出，随着人工智能研究的不断深入、拓展，开始出现了人机智能结合的概念。所谓的人机智能结合，就是要将人的智能（创造性）与计算机智能（计算、推理）有机结合起来，发挥出各自的优势，弥补对方的不足。③

在国外，更是有大量学者对人机结合或人机协同系统进行了刻画。其中，比较有代表性的有：1991 年，美国著名人工智能与计算机学家费根鲍姆（Edward Albert Feigenbaum）与里南（Douglas Lenat）提出了"人机合作预测"（Man-Machine Synergy Prediction）的概念，他们认为人与计算机之间可以成为一种同事的关系，人与计算机所需要做的工作

---

① 钱学森，于景元，戴汝为. 一个科学新区域开放的复杂巨系统及其方法论［J］. 自然杂志，1990，13（1）：3 - 10.
② 参考自：路甬祥，陈鹰. 人机一体化系统与技术——21 世纪机械科学的重要发展方向［J］. 机械工程学报，1994，30（5）：1 - 6. 以及路甬祥，陈鹰. 人机一体化系统与技术立论［J］. 机械工程学报，1994，30（6）：1 - 9.
③ 陈杏圆、王焜洁：《人工智慧》，台北：高立图书有限公司，2007 年，68 - 69 页。关于"Artificial Intelligence"，大陆学者通常翻译成"人工智能"，台湾学者则通常翻译成"人工智慧"；为了行文的连贯和一致性，本书统一采用"人工智能"的说法。

就是执行自己所最精通的工作。① 2014 年，美国学者艾萨克森（Walter Isaacson）② 指出，当下最重大的创新来自于人的灵感与计算处理能力的结合：

　　人类和计算机共同发挥各自的才能，共同合作，总会比计算机单独行事更具创造力。……人类与机器相结合的做法，则会持续不断地产生出令人惊叹的创新。……数字时代举足轻重的先驱们也是这么想的，比如万尼瓦尔·布什（Vannevar Bush）、利克里德（Joseph Carl Robnett Licklider）和道格·恩格尔巴特（Doug Engelbart）。"人脑和计算机将会非常紧密地结合起来，二者的协同合作将会产生一种人脑未曾想到过的思考方式，能够产生我们当前所熟知的信息处理机器所不能实现的数据处理方式。"③

　　这里，特别值得一提的是，2007 年，人工智能专家伯特尔（Sven Bertel）在其论文 *Towards Attention-Guided Human-Computer Collaborative*

---

① Lenat D. B, Feigenbaum E. A. On the Thresholds of Knowledge [J]. Artificial Intelligence, 1991, 47 (1): 185 – 230. 关于这篇文章的介绍参考自：黄席樾，刘卫红，马笑潇，胡小兵，黄敏，倪霖. 基于 Agent 的人机协同机制与人的作用 [J]. 重庆大学学报, 2002 (9).

② 美国学者艾萨克森（Walter Isaacson）是著名的科技文章作家，撰写了《史蒂夫·乔布斯传》（Steve Jobs）等著名传记以及科技文章。

③ 可参见 Walter Isaacson. Where Innovation Comes From [J/OL]. The Wall Street Journal: The Saturday Essay. 2014 – 09 – 26 来源：http://www.wsj.com/articles/a-lesson-from-alan-turing-how-creativity-drives-machines – 1411749814 这篇文章同时也指出 "IBM 公司正寻求通过超级电脑"沃森"（Watson）实现这种（人机）合作关系。经过配置后，沃森在与医生合作诊断和治疗癌症。IBM 公司 CEO 吉尼·罗曼提（Ginni Rometty）特意成立了沃森部门。'我看到沃森与医生进行合作交互，'她说，'它充分证明机器确实能够与人类合作，而不是替代他们。'"具体内容可参见本书第四章的实例分析 I——"沃森医生"。

Reasoning for Spetial Configuration and Design① 中提出的人机协同推理的概念（Human-Computer Collaborative Reasoning）。在论文中，他提出了一种方法论的概念（即人机协同系统），即创造出一种耦合人和计算机的协同推理系统，目的是为了解决基于联合图的各类问题，例如包括空间配置以及任务设计等，使计算机能够更好地适应人类的心理过程和状态，从而允许更高效的合作的出现。他认为：

> 人机协同系统是一个由人和计算机组成的系统，能够共享和操作一个通用的表示（或者图表），从而共同解决一个推理问题。这样的设置是不对称的，因为人和计算机的推理策略和处理能力并不相同；因此，良好的合作质量和满意的工作效率是必需的。一种能够实现优势互补的方法是，事先预测对方的行动；对于计算机推理而言，计算机通常需要做到：（a）监测人类的推理行动，（b）建立基于计算机系统的认知推理模型，并将人类的推理行动数据输入进去，（c）根据人类当前的和即将发生的精神状态以及下一步可能的行动来生成假设，（d）根据假设来调整计算机推理的行动。②

以上学者提出了人机合作、人机结合以及人机协同等概念，通过对其概念以及学术史的考察，笔者认为，各位学者都强调人与机器（计算机）相互协同、紧密配合，并各自发挥自身优势，其方法论从本质上都是一致的，而其重中之重则在于人与机器的相互协同，故采用伯特

---

① Sven Bertel. Towards Attention-Guided Human-Computer Collaborative Reasoning for Spetial Configuration and Design［C］. Foundations of Augmented Cognition. Springer Berlin Heidelberg, 2007.

② Sven Bertel. Towards Attention-Guided Human-Computer Collaborative Reasoning for Spetial Configuration and Design. Foundations of Augmented Cognition. Springer Berlin Heidelberg, 2007：338.

尔的人机协同来统摄其他概念最为恰当。

综上分析，可以将人机协同系统的概念定义为：人机协同系统是由人和计算机共同组成的一个系统；其中计算机主要负责处理大量的数据计算以及部分推理工作（例如演绎推理、归纳推理、类比推理等等）；在计算机力不能及的部分，特别是选择、决策以及评价等工作，则需要由人来负责，从而充分发挥出人的灵活性与创造性——人与计算机相互协同，密切协作，可以更为高效地处理各种复杂的问题。①

二、国内外相关文献综述

目前，人机协同系统发展迅速，包括各种专家系统、人机交互、计算机模拟、计算机集成制造等。其中专家系统已经应用在语音识别、图像处理、医疗诊断、金融决策、天气预报、生物工程、地质勘探等领域。人机交互技术在界面与功能方面在不断发展完善，包括各种手机、平板电脑、便携式智能设备等等。计算机模拟技术也已经广泛应用在科学、技术、生产、生活等方方面面。计算机集成制造系统也已经应用在现代制造业中，并取得了很好的成效。

就对人机协同系统及其相关问题的科学研究而言，国内外已经产生了大量的文献资料。这些文献资料反映了在科学研究和技术应用方面所取得的成果。虽然本书的重点是探究人机协同系统的推理机制以及所引起的哲学问题，但为了达到叙述的系统性和全面性，就有必要对人机协同系统中推理的基本概念、方法等作一定的介绍和分析。因此，这里需要对已有的文献作一个概括性综述。

----

① 刘步青. 人机协同系统中的智能迁移：以 AlphaGo 为例 [J]. 科学·经济·社会，2017（2）：73 – 74.

人工智能以及人机协同系统发展和现状的文献比较丰富，主要有：吴鹤龄、崔林编著的《ACM 图灵奖（1966～1999）：计算机发展史的缩影》（北京：高等教育出版社，2000 年），较为细致地介绍了 20 世纪 60 年代至 90 年代计算机的发展史。George F. Luger 的《人工智能——复杂问题求解的结构和策略》（第 6 版）（史忠植，张银奎，赵志崑等译，北京：机械工业出版社，2010 年）以及曹少中、涂序彦撰写的《人工智能与人工生命》（北京：电子工业出版社，2011 年）对人工智能的思想渊源——从亚里士多德（Αριστοτελης，Aristotle）到图灵（Alan Mathison Turing）进行了较为条理的论述。蔡自兴、徐光祐的《人工智能及其应用》（第四版）（北京：清华大学出版社，2010 年）以及 Stuart J. Russell 和 Peter Norvig 的《人工智能——一种现代的方法》（第三版）（殷建平，祝恩，刘越，陈跃新，王挺译：北京：清华大学出版社，2013 年）则对人工智能的诞生和发展的历史展开了较为详尽的讨论。

探究人机协同系统的推理机制自然会涉及到计算机推理。目前，计算机除了采用谓词逻辑来表示推理之外，还通常使用主观贝叶斯（Bayes）方法、证据理论、模糊推理和粗糙推理等方式来实现不确定推理。王岚、乐毓俊编著的《计算机自动推理与智能教学》（北京：北京邮电大学出版社，2005 年），书中介绍了计算机自动推理的理论基础——数理逻辑，并在此基础上介绍了计算机自动推理理论。龚启荣编著的《当代形式逻辑及其在人工智能中的应用理论研究》（北京：电子工业出版社，2011 年），书中关于形式逻辑以及人工智能的研究提出了很多新颖的见解。刘白林的《人工智能与专家系统》（西安：西安交通大学出版社，2012 年）等著作对主观贝叶斯方法等不确定推理方法进行了详细的阐述。

与人机协同系统直接相关的人工智能分支就是专家系统。在专家系统方面，国内外专家合著的《高级专家系统：原理、设计及应用》（蔡自兴，［美］约翰·德尔金（John Durkin），龚涛编著，北京：科学出版社，2005年），书中系统介绍了专家系统的理论基础、设计技术及其应用。敖志刚编著的《人工智能及专家系统》（北京：机械工业出版社，2010年），面向人工智能研究的前沿领域，将人工智能、专家系统及其实现语言（Prolog）3个方面融为一体，系统和全面地反映了人工智能和专家系统的核心内容、研究现状和最新的发展方向。此外，还有Stephen W. Liddle 等人的 *Database and Expert Systems Applications*（Berlin：Springer Berlin Heidelberg Imprint，2012）等。

　　"肿瘤专家顾问"专家系统——"沃森医生"（Watson）是由 IBM 公司和美国德克萨斯大学 M. D. 安德森癌症中心（The University of Texas, M. D. Anderson Cancer Center）联合开发的医疗辅助诊断专家系统——人机协同系统在"沃森医生"上取得了很好的实际效用。关于"沃森医生"的运行机制，Azureviolin 的《Watson 之心：DeepQA 近距离观察》（http：//azureviolin. com/？p = 116，2011 – 03 – 07）以及 David Ferrucci 的 *Introduction to "This is Watson"*（IBM Journal of Research and Development. 2012，1（54）：1 – 15）进行了详尽的说明。而 Rob High 和 Jho Low 的 *Expert Cancer Care May Soon Be Everywhere, Thanks to Watson*（http：//blogs. scientificamerican. com/mind-guest-blog/2014/10/20/expert-cancer-care-may-soon-be-everywhere-thanks-to-watson，2014 – 10 –20）以及蒋蓉的《全美第一肿瘤医院"电脑医生"开始坐诊》（http：//zl. 39. net/66/141112/4516057. html，2014 – 11 – 12）对"沃森医生"在肿瘤辅助诊断取得的成效以及影响进行了细致的描述。

　　2016 年 3 月，Google 旗下的 Deep Mind 公司所研发的围棋对弈专家系统 AlphaGo，以 4 比 1 的总比分击败了拥有十四个世界围棋冠军头衔的李世石九段，震惊了全世界。2017 年 5 月，AlphaGo 的升级版又以 3 比 0 的总比分战胜了围棋世界排名第一、世界冠军柯洁九段。AlphaGo

的开发者西弗（David Silver）、黄士杰以及哈萨比斯（Demis Hassabis）等人于 2016 年 1 月 28 日在 *Nature* 杂志发表了 *Mastering the game of Go with deep neural networks and tree search* 一文，详细论述了 AlphaGo 的算法与推理机制。AlphaGo 使用了一种新的结合了"价值网络"（Value Networks）和"策略网络"（Policy Networks）的蒙特卡洛模拟（Monte Carlo Simulation）算法。2017 年 10 月 19 日，西弗、黄士杰以及哈萨比斯等人在 *Nature* 杂志又发表一篇论文 *Mastering the game of Go without human knowledge*，介绍了一种基于增强学习方法的算法，不需要人类的数据、指导或者除了规则之外的其他专业知识，AlphaGo 的升级版（AlphaGo Zero）就已经更加超越了人类的性能，并以 100∶0 的成绩击败了上一个版本的 AlphaGo。

在人机交互方面，主要的论著包括：刘伟、袁修干编著的《人机交互设计与评价》（北京：科学出版社，2008），提出了基于情境认知的人机交互信息处理理论模型，系统地构建了情境认知综合测量体系——过程及结果的同时测量方法，同时为人机交互情境认知的测量提供了客观依据。此外，还有 Ben Shneiderman、Catherine Plaisant 的 *Designing the user interface*：*strategies for effective human-computer interaction*（Beijing：Publishing House of Electronics Industry，2010）等等。

虽然当前人机协同系统已经广泛应用在生产生活等各个方面，已经或正在改变人类的认识世界和改造世界的方式。然而，关于其本身的哲学问题进行系统的研究却相对比较少。就目前所能掌握的资料来看，这种研究基本上是置于对人工智能哲学的一般探讨之中，因此，以下结合人工智能哲学的文献来进行综述。

玛格丽特·博登（Margaret A. Boden）编著的《人工智能哲学》（*The Philosophy of Artificial Intelligence*，刘西瑞、王汉琦译，上海：上海译文出版社，2006 年），书中收集了人工智能研究领域著名学者的 15

篇代表性论文，这些论文总结了人工智能发展的历程，以及人工智能领域最重要的一些哲学问题。郦全民的《用计算的观点看世界》（广州：中山大学出版社，2009 年）对当前科学前沿领域的成果和思想进行了深刻的哲学探讨，提出了一种新的观点——"计算主义"的世界观，并对人工智能的相关哲学问题进行了着重的阐述。董军的《人工智能哲学》（北京：科学出版社，2011 年）简要地回顾了人工智能的发展历程，概述了人工智能发展过程中遇到的困难，并论述了经典人工智能哲学的基本概念、主要问题以及相关的结论。

　　具体一点，在关于人机协同系统的本体论、认识论和价值论方面，有以下一些论著和论文。本体论方面：司马贺（Herbert A. Simon，即西蒙）的《人类的认知：思维的信息加工理论》（荆其诚、张厚粲译，北京：科学出版社，1986 年）以及纽厄尔和西蒙的《作为经验探索的计算机科学：符号和搜索》（玛格丽特·博登编著：《人工智能哲学》，刘西瑞、王汉琦译，上海：上海译文出版社，2006 年，113 - 142 页）详细论述了智能概念的确定以及物理符号系统假设。郦全民的《关于计算的若干哲学思考》（自然辩证法研究，2006（8））、《用计算的观点看世界》以及程炼的《何谓计算主义》（科学文化评论，2007（4））详细论述了计算主义的概念、丰富的内涵以及发展历程。邬焜的《信息哲学》（北京：商务印书馆，2005 年）对信息哲学进行了全面的阐述，提出了信息哲学的理论体系，特别是对信息本体论进行了较为详细的论述。肖锋的《信息主义：从社会观到世界观》（北京：中国社会科学出版社，2010 年）则对信息本体论的不同侧面（本原论、实在论以及变相的形而上学意义上的）展开了论述，并提出了不同的商榷意见，认为本体论意义的信息主义仍然存在很多的问题。

　　认识论方面：张守刚、刘海波的《人工智能的认识论问题》（北京：人民出版社，1984 年）较为系统地分析了智能、人工智能以及信息等概念，并通过对人工智能历史的考察和现实科学成果的考察，对人工智能进行了哲学和认识论的反思。郦全民的《科学哲学与人工智能》（自然辩证法通讯，2001（2））以及陈安金的《人工智能及其哲学意义》（温州大学学报，2002（3））认为人机协同系统可以模拟人的智能，处理繁重的计算和推理工作，可以使人们将时间和精力投入到发现和创造性工作上去，从而大大提高了人类认识世界与改造世界的能力。高华和余嘉元的《人工智能中知识获取面临的哲学困境及其未来走向》（哲学动态，2006（4））主要论述了当前人工智能以及人机协同系统中关于知识获取所面临的技术困境以及哲学问题，并对知识获取问题的未来发展趋势做了较为详细的阐述。

价值论方面：沃尔弗拉姆（Stephen Wolfram）的《一种新科学》（*A New Kind of Science*，Champaign：Wolfram Media，Inc.，2002），张怡、郦全民、陈敬全编写的《虚拟认识论》（上海：学林出版社，2003），以及 Stuart J. Russell 和 Peter Norvig 编著的《人工智能——一种现代的方法》（第三版）（殷建平、祝恩、刘越、陈跃新、王挺译，北京：清华大学出版社，2013 年）对人工智能以及人机协同系统的发展重点进行了哲学上的阐述，特别是人工智能的发展将如何影响人类社会成为书中一个重点讨论的议题，等等。

以上这些文献，虽然对人机协同系统相关的哲学问题有所涉及，但存在着两个较明显的不足：一是这种哲学研究是内嵌于人工智能哲学的一般框架中，并没有对人机协同系统在哲学上所体现的特殊性进行具体的分析，另一是这种哲学研究通常只关注本体论、认识论和价值论的某一方面，而很少对这三个方面进行系统的探究，以揭示它们之间的内在联系。本书的基本目的，就是试图弥补对人机协同系统的哲学中所存在的这两个不足，进而更好地理解和揭示人机协同系统的哲学意义。

三、研究进路、研究框架和创新点

　　本书的基本目的，虽然是试图对人机协同系统中的推理机制以及基本哲学问题进行系统、深入的探究，但这种探究的前提是需要了解人机协同系统产生的学术背景和发展历程，并认识和理解人机协同系统的基本构成。因此，本书的研究进路是：首先梳理和阐述人机协同系统产生的背景和发展历程，并揭示其基本的结构以及推理机制，在此基础上，再从本体论、认识论和价值论等方面系统地研究人机协同系统的哲学问题和哲学意义。

　　基于这一基本进路，本书的研究框架为：

　　首先，梳理和阐述人机协同系统产生的学术背景和发展历程。阐述现代计算机诞生之前，从亚里士多德到莱布尼茨（Gottfried Wilhelm Leibniz）、布尔（George Boole）以及图灵等人所做的相应工作；以及现代计算机诞生之后的发展史，特别是人工智能的发展历程；包括人工智能领域的三大主要学派——符号主义学派、联结主义学派以及行为主义学派。然后论述人机协同系统的发展历史以及现阶段的发展状况，例如专家系统的出现、改进、应用以及人机交互技术的广泛应用等等。

　　其次，从人机协同系统何以必要与何以可能着手，论述人的推理方式与计算机的推理方式，并就两者进行比较——两种推理方式各有优缺点。同时因为人类社会面对的问题越来越复杂、越来越困难，单凭人或者计算机单方面的力量无法解决——这就使得人和计算机各自发挥自身的长处——人机协同系统成为必要与可能，并论述人机协同系统的推理机制的特点和基本结构。

　　再次，以专家系统为例，探讨人机协同系统的推理机制，并结合实例——医疗辅助诊断专家系统"沃森医生"以及围棋对弈专家系统"AlphaGo",论证了人机协同系统的推理机制实际上是一个动态迁移过程,即人的推理能力和智能水平不断向智能机器系统动态迁移的过程。

最后,在此基础上,本书对人机协同系统进行深入的哲学研究,着重从本体论、认识论、价值论等三方面来进行讨论。第一,在本体论上,本书将论证,人机协同系统实质上是一个计算系统,是计算主义思想的具体实现的一个范例。第二,在认识论上,本书认为,人机协同系统构成了认识世界的一种新的认知主体,从而人类改变了知识获取和评价的方式;第三,在价值论上,本书将着重探究人机协同系统对人类自身进化的深刻影响和可能存在的风险。

本书的创新点可以归结为以下四个方面:

一是对人机协同系统的推理机制的特点和基本结构进行较为系统的阐述,并以"Doctor Watson"和"AlphaGo"为例,论证人机协同系统的推理机制实际上是人的推理能力不断向智能机器系统迁移的动态过程。

二是试图对西蒙和纽厄尔提出的"物理符号系统假设"作出新的诠释,认为其更准确的表述是"物理实现的符号系统假设",并论证人机协同系统本质上是一个计算系统。

三是阐述和论证,在一定条件下人机协同系统可以看作是一类新型的认识主体。

四是对人机协同系统的价值论问题展开研究,着重分析人工智能对人类社会的影响,并针对人工智能可能存在的风险提出相应的对策。

第二章

人机协同系统产生的思想背景和
发展历程

我们知道，从认知上来说，人类获取或产生命题性知识有两条基本进路：一是通过知觉和行动，将非命题的材料转换成命题知识；二是从已有的命题知识出发形成新的命题知识，这个过程就是推理。显然，推理的能力是人类智能的最重要的组成部分之一，不过，历史地看，人类很早就试图将这种能力外化，由机器来部分实现人的推理功能，从而提高自身认识世界和改造世界的能力。人机协同系统的产生，其基本前提就是有这样的推理机器的问世和发展。因此，这里首先需要追溯具有推理功能的机器和实现这种功能的理论的产生和发展历程，而这种机器就是计算机，相应的理论就是人工智能。

本章中，我们将梳理和阐述人机协同系统产生的思想背景，而这个背景实际上就是人工智能产生的思想渊源和发展过程，这构成了第一节和第二节的主要内容。第三节中，将主要探讨人工智能的主要学派——符号主义学派、联结主义学派以及行为主义学派，并指出，对人机协同系统的研究主要可以划归为符号主义学派。接下来的第四节与第五节，我们再具体地考察人机协同系统的发展现状和未来趋势。

一、人工智能的思想渊源

1. 人工智能早期的思想渊源

作为一个学科，人工智能虽然直至 20 世纪 50 年代才正式诞生，但是其思想渊源却可以追溯到更早的时期，其出发点便是人类对于自身推理能力和规律的认识。

亚里士多德通过对推理规律的研究，创立了逻辑学。他的名著《工具论》① 至今仍是逻辑学的经典著作。② 并且，亚里士多德在他的著作《物理学》③ 中，指出了物质与形式之间的区别：雕像是用青铜材料做成的人的形式。当青铜被改铸成新的形式时，变化便发生了。把物质和形式区分开来为很多现代概念奠定了哲学基础，例如符号计算和数据抽象，在现代计算机进行计算过程时，我们是在操纵电磁材料的形式，而这些材料的形式改变也代表着计算过程的改变。④

英国哲学家弗朗西斯·培根（Francis Bacon）系统地提出了归纳法，这对于研究人类的思维过程以及 20 世纪 70 年代人工智能转向以知识为中心的研究都产生了重要影响。⑤

最早的计算机器是中国的算盘，但更先进的能够处理代数运算的机

---

① 可参见亚里士多德著，余纪元等译：《工具论》，北京：中国人民大学出版社，2003年。
② 曹少中、涂序彦：《人工智能与人工生命》，北京：电子工业出版社，2011 年，3页。
③ 可参见亚里士多德著，张竹明译：《物理学》，北京：商务印书馆，1982 年。
④ 〔美〕George F. Luger 著，史忠植，张银奎，赵志崑等译：《人工智能——复杂问题求解的结构和策略》（第6版），北京：机械工业出版社，2010 年，4 页。
⑤ 曹少中、涂序彦：《人工智能与人工生命》，北京：电子工业出版社，2011 年，3页。

械等到17世纪才在欧洲制造出来。1642年，法国哲学家、数学家、物理学家帕斯卡（Blaise Pascal）成功制造出一台手摇机械式加减法计算器（称之为 Pascaline）。

从帕斯卡在计算机器方面取得的成功中得到灵感，莱布尼茨（Gottfried Wilhelm Leibniz）于1694年制造出了一台计算器，后来被称之为莱布尼茨轮子（Leibniz Wheel）。这台机器包括了一个可移动的托架和一个手动曲柄，不光可以运行加减法运算，曲柄还能够驱动轮子和滚筒执行更为复杂的乘除法运算。① 莱布尼茨还提出了通用符号和推理计算的思想。莱布尼茨认为，人类需要一种普遍的人工符号系统，就像代数中所使用的特殊符号以及他为微积分运算所引入的符号所组成，能够包含人类的全部知识领域。在此基础上，他还设想了一个"机械推理者"，即无需人的帮助就可以对符号系统进行推理计算。② 这一思想为数理逻辑的产生和发展奠定了坚实的基础。③

巴贝奇（Charles Babbage）是19世纪的数学家，也是第一台可编程机械计算机器的设计者。他想利用当时的科技把人们从繁重的数学计算中解放出来。巴贝奇制造出了"差分机"，这是一种专门用来计算特定多项式函数的机器，也是其"分析机"的先驱。他所设计的"分析机"（在他有生之年并没有被成功制造出来）是一种通用的可编程计算机器；其中包含了很多现代思想，比如存储器和处理器的分离。④ 这对现代电子计算机的发展产生了重要的影响。⑤

_____

① 〔美〕George F. Luger 著，史忠植，张银奎，赵志崑等译：《人工智能——复杂问题求解的结构和策略》（第6版），北京：机械工业出版社，2010年，5页。
② 郦全民：《用计算的观点看世界》，广州：中山大学出版社，2009年，7页。
③ 曹少中、涂序彦：《人工智能与人工生命》，北京：电子工业出版社，2011年，3页。
④ 〔美〕George F. Luger 著，史忠植，张银奎，赵志崑等译：《人工智能——复杂问题求解的结构和策略》（第6版），北京：机械工业出版社，2010年，8页。
⑤ 郦全民：《用计算的观点看世界》，广州：中山大学出版社，2009年，8页。

布尔（George Boole）是另一位 19 世纪的数学家，虽然他对很多数学领域都做出了贡献，但是他最著名的研究是对逻辑定律的数学形式化——这一成就形成了现代计算机科学的核心。布尔设计的符号系统具有非常的能力和简洁性——逻辑计算的核心只包含两个元素"0"和"1"，只包含三种运算，即"与"（∧）、"或"（∨）、"非"（¬）。同时，布尔提出，用字母来表示类，例如，用字母 A 和 B 来表示两种特定的事物的类，那么 AB 就可以表示既在 A 中又在 B 中事物的类。这种运算类似于代数中的乘法运算。这样布尔就把二值逻辑变成了代数，把逻辑推理过程变成了代数的计算过程。[1] 布尔代数不仅为二进制运算提供了基础，同时说明简单的形式系统具有非常强大的逻辑表现力。[2]

弗雷格（Friedrich Ludwig Gottlob Frege）在他的《算数基础——对于数这个概念的一种逻辑数学的研究》[3] 中创建了一种数学说明语言，今天被称之为"一阶谓词逻辑"。谓词逻辑形式系统目的是成为一种描述数学及其哲学基础的语言，但是他在创建人工智能的表示理论中也起到了非常重要的作用。一阶谓词逻辑为建立表达式提供了语言，为推理过程提供了必要工具。

罗素（Bertrand Russell）和怀特海（Alfred North Whitehead）的著作《数学原理》[4] 对奠定人工智能的基础起到了非常重要的作用，因为它们预定的目标是通过对一系列公式的形式运算导出数学的全部内容。尽管已经从基本定理建立起了很多数学系统，但不同的是，罗素和怀特

---

① 郦全民：《用计算的观点看世界》，广州：中山大学出版社，2009 年，7 页。

② 〔美〕George F. Luger 著，史忠植，张银奎，赵志崑等译：《人工智能——复杂问题求解的结构和策略》（第 6 版），北京：机械工业出版社，2010 年，8 页。

③ 可参见（德）G·弗雷格著，王路译：《算数基础——对于数这个概念的一种逻辑数学的研究》，北京：商务印书馆，1998 年。

④ Alfred North Whitehead, Bertrand Russell. Principia Mathematica, 3 vols ［M］. Cambridge University Press , 1910, 1912 , and 1913.

海是从纯形式系统的角度来进行研究的。罗素与怀特海的工作，促进了数学推理在计算机上的自动化。[1]

塔斯基（Alfred Tarski）是另一位为人工智能奠定关键基础的逻辑学家。塔斯基引入了一种"指称理论"（Theory of Reference），它指出如何把逻辑对象与现实世界的对象联系起来，这一成果成为大多数形式语义理论的基础。[2]

哥德尔（Kurt Friedrich Gödel）证明了形式算术系统的"不完备性定理"（Incompleteness Theorem），成为了20世纪数学史上最重要的成就之一，它隐含了许多数学领域机械化的不可能性。哥德尔与其后的许多数学家、逻辑学家就证明了许多具体的数学领域的问题，用逻辑的惯用语言来说是不可判定的。[3]

虽然到20世纪的初期，数学和形式逻辑就已经为人工智能的研究创造了必备的理论条件，但是直到20世纪40年代电子计算机发明之时，人工智能才成为一门可能实现的学科。20世纪40年代末期，电子计算机显示出了程序所需的存储与处理能力，这时才可能在计算机上实现形式推理系统，并通过试验来测试计算机是否可以实现智能。而电子计算机的发明与存储程序逻辑架构的提出，离不开冯·诺依曼（John von Neumann）等人的贡献。[4]

---

[1] 可参见本书第三章第三节关于"自动推理"的内容。

[2] 可参见〔美〕George F. Luger 著，史忠植，张银奎，赵志崑等译：《人工智能——复杂问题求解的结构和策略》，北京：机械工业出版社，9 页。以及 Stuart J. Russell, Peter Norvig 著，殷建平、祝恩、刘越、陈跃新、王挺译：《人工智能——一种现代的方法》（第三版），北京：清华大学出版社，2013 年，9 页。

[3] 蔡自兴、徐光祐：《人工智能及其应用》（第四版），北京：清华大学出版社，2010 年，6 页。

[4] 〔美〕George F. Luger 著，史忠植，张银奎，赵志崑等译：《人工智能——复杂问题求解的结构和策略》（第6版），北京：机械工业出版社，2010 年，9 页。可参见本书第二章——"冯·诺依曼结构"计算机。

2. 图灵机

对人工智能的创立做出突出贡献的是英国数学家阿兰·图灵。针对哥德尔的"不完备性定理"，图灵尝试去思考哪些函数是可计算的（Computable）。[①] 为此，他提出了图灵机的思想模型。

图灵机由两个基本部分组成：（1）一条无限长的带子，隔成一个个小方格，每一个方格可以容纳一个有限符号集中的某个符号；（2）一个读写头，它能从带子上的小方格读、写或者清除符号。

如下图所示。

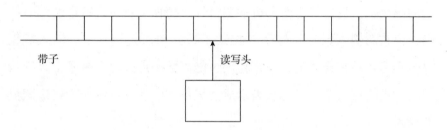

带子　　　　　　　　　　　　读写头

图 2 - 1　图灵机模型

图灵机的计算就在这条带子上进行，计算通过读写头的读写和移动来实现。为了控制读写头的这些操作，每个图灵机除了有一个符号集（包括空白符号），还有一个状态集，其中包括开始状态和结束状态。此外，还必须有一个控制函数，该函数依据图灵机所处的当前状态和读写头所读到的当前符号决定下一步的操作。其中，每一步操作包括以下三个步骤：

（1）读写头把某个符号写到当前的小方格上，取代原来的符号；

（2）读写头左移一格或者右移一格或者不移动；

---

① Stuart J. Russell, Peter Norvig 著，殷建平，祝恩，刘越，陈跃新，王挺译：《人工智能——一种现代的方法》（第三版），北京：清华大学出版社，2013 年，9 页。

（3）用某个状态取代当前的状态，图灵机就进入一个新的状态。

按顺序做完这三件事，图灵机的一个工作周期就告结束；如果新的状态不是结束状态，则可以进入下一个工作周期；否则就停机，表明计算过程结束。图灵机停机以后，带子上的内容就是它的输出。这样一种反应包含在算法步骤执行中的计算性质的机器的重要性在于：这是一个能行的可计算模型。如果一个函数在图灵机上可以实现，那就意味着该函数能行可计算。①

在用图灵机给出了能行可计算的形式定义后，图灵继而证明了一个非常重要的定理：即可以构造这样的普适图灵机，它能够模拟任何其他特定的图灵机。构造普适图灵机的关键性思想如下：一台特定的图灵机的操作由它的输入数据和程序（控制函数）所决定，其中，输入数据是以数码形式写在袋子上。如果程序也能以数码形式写在带子上，则特定的图灵机的行为就可以完全表示成数码形式，从而可以作为普适图灵机的输入。

根据普适图灵机的这一性质，英国数学家、逻辑学家丘奇（Alonzo Church）做出假定：普适图灵机可以计算任何能行（或者有效）可计算的函数。这就是著名的"丘奇－图灵论题"（The Church-Turing Thesis），并且已经被广泛接受。②

3. 图灵测试

图灵对人工智能的另一大贡献是提出了"图灵测试"。1950 年，图灵发表了题为《计算机与智能》（*Computing machinery and intelligence*）③

---

① 郦全民：《用计算的观点看世界》，广州：中山大学出版社，2009 年，27－28 页。
② 郦全民：《用计算的观点看世界》，广州：中山大学出版社，2009 年，40－41 页。
③ A. M. Turing. Computing machinery and intelligence［J］. Mind, 1950（236）：433－460.

的论文，论述并提出了"图灵测试"（Turing Test）。图灵测试的基本思想是这样的：假设有一个屏幕将询问者与被询问者隔开（双方互不能看到对方的情况），被询问者是一个人和一台机器，询问者通过特定的信息传输装置不断地向屏幕后的被询问者提出问题，并由被询问者作答；如果询问者始终无法分辨屏幕背后哪个是人，哪个是机器，那就表明，机器具备了人一样的智能。图灵认为建造这样的机器是可能的，并且在文章中对可能产生的种种质疑进行了分析和反驳。①

二、人工智能的发展历史

1. 人工智能的诞生

1956 年夏季，美国数学家和计算机专家麦卡锡（John McCarthy）、数学家和神经学家明斯基（Marvin Lee Minsky）、IBM 公司信息中心主任罗彻斯特（Nathaniel Rochester）以及贝尔实验室信息部数学家和信息学家香农（Claude Elwood Shannon）共同发起，邀请 IBM 公司莫尔（Trenchard More）和塞缪尔（Arghur Samuel）、麻省理工学院的塞尔夫里奇（Oliver Selfridge）和索罗蒙夫（Ray Solomonff），以及兰德公司和卡耐基技术学院（Carnegie Institute of Technology）② 的纽厄尔和西蒙共10 人，在美国的达特茅斯大学（Dartmouth College）举办了一次研讨会，整个会议只有一个议题，即讨论如何用机器来模拟人类智能。③ 这是人类历史上第一次人工智能研讨会，标志着人工智能学科的诞生。

---

① 郦全民：《用计算的观点看世界》，广州：中山大学出版社，2009 年，136 页。
② 现在已经更名为卡耐基梅隆大学（Carnegie Mellon University，简称 CMU）。
③ Stuart J. Russell, Peter Norvig 著，殷建平，祝恩，刘越，陈跃新，王挺译：《人工智能——一种现代的方法》（第三版），北京：清华大学出版社，2013 年，17 页。

计算机被发明之后，人工智能的应用才变得切实可行。人工智能专家们开始在计算机上编写程序，试图解决数学定理的自动证明、下棋以及不同语言之间的翻译等问题。1968 年，费根鲍姆领导的人工智能研究小组研究成功出第一个专家系统 DENDRAL，用于分析有机化合物的分子结构。1969 年召开了第一届国际人工智能联合会议（International Joint Conference on AI，简称为 IJCAI），标志着人工智能已经成为了一门独立学科。1970 年，《人工智能国际杂志》（International Journal of AI）创刊。

从 1956 年开始，经历了十几年的发展，人工智能已经成为了一门独立的学科，并且形成了良好的研究环境，奠定了人工智能进一步发展的基础。①

2. 暗淡时期（1966—1974 年）

在人工智能形成期之后，存在一个人工智能的暗淡期。在取得"热烈"发展的同时，人工智能也遇到一些困难和问题。

一方面，由于一些人工智能研究者被"胜利冲昏了头脑"，盲目乐观，对人工智能的未来发展和成果做出了过高的预言，而这些预言的失败，给人工智能的声誉造成重大伤害。同时，许多人工智能的理论和方法未能得到通用化和推广应用，专家系统也尚未获得广泛开发。因此，看不出人工智能的重要价值。追究其因，当时的人工智能主要面临着知识处理的问题。早期的人工智能程序只是采用了简单的句法处理，并不能很好地处理知识问题，甚至如何将知识形式化都成为了摆在专家们面前的难题。例如，对于自然语言理解或机器翻译，如果缺乏足够的专业知识和常识，就无法正确处理语言，甚至会产生令人啼笑皆非的翻译。

---

① 蔡自兴、徐光祐：《人工智能及其应用》（第四版），北京：清华大学出版社，2010年，4 - 5 页。

另一方面，科学技术的发展对人工智能提出新的要求甚至挑战。例如，当时认知生理学研究发现，人类大脑含有 10^{11} 个以上神经元，而人工智能系统或智能机器在现有技术条件下无法从结构上模拟大脑的功能。此外，哲学、心理学、认知生理学和计算机科学界，对人工智能的本质、理论和应用各方而，一直抱有怀疑和批评，也使人工智能四而楚歌。在人工智能的发源地美国，连在人工智能研究方面颇有影响的IBM，也被迫取消了该公司的所有人工智能研究。人工智能研究在世界范围内陷入困境，处于低潮，由此可见一斑。[①]

3. 知识应用时期（1974—1988 年）

1968 年，费根鲍姆所领导的研究小组研究成功出第一个专家系统DENDRAL。此后，许多著名的专家系统被相继开发出来，例如，斯坦福国际人工智能研究中心的杜达开发的 PROSPECTOR 地质勘探专家系统，麻省理工学院的 MACSYMA 符号积分和数学专家系统，以及 R1 计算机结构设计专家系统等等，为矿产数据分析处理、符号运算、计算机设计等提供了强有力的工具。[②]

到了 20 世纪 80 年代，专家系统在全世界范围内得到了迅速的发展，并取得了巨大的经济效益。例如，第一个成功应用的商用专家系统R1，1982 年开始在美国数字设备公司（Digital Equipment Corporation，简称 DEC）运行，用于进行新计算机系统的结构设计。到了 1986 年，R1 每年为该公司节省 400 万美元。到 1988 年，DEC 公司的人工智能团队开发了 40 个专家系统。几乎每个美国大型公司都拥有自己的人工智能小组，并应用专家系统或投资专家系统技术。20 世纪 80 年代，日本

[①] 蔡自兴、徐光祐：《人工智能及其应用》（第四版），北京：清华大学出版社，2010 年，5-6 页。

[②] 可参见本书第四章关于"专家系统"的介绍。

和西欧也争先恐后地投入对专家系统的智能计算机系统的开发，并应用于工业部门。其中，日本1981年发布的"第五代智能计算机计划"就是一例。①

4. 集成发展时期（1988年至今）

到20世纪80年代后期，各个争相进行的人工智能研究计划先后遇到严峻挑战和困难，无法实现其预期目标。这促使人工智能研究者们对已有的人工智能思想和方法进行反思。已有的专家系统存在缺乏常识知识、知识获取困难、应用领域狭窄、推理机制单一、未能分布处理等问题。专家们发现，这些困难反映出人工智能的一些根本问题，如交互问题、扩展问题和体系问题等，都没有很好解决。对存在问题的探讨和对基本观点的争论，有助于人工智能摆脱困境，迎来新的发展机遇。

人工智能应用技术应当以知识处理为核心，实现软件的智能化。知识处理需要对应用领域和问题求解任务有深入的理解，扎根于主流计算环境。只有这样，才能促使人工智能研究和应用走上持续发展的道路。

20世纪80年代后期以来，机器学习、计算智能、人工神经网络以及行为主义等研究深入扩展开来。符号主义学派，从谓词逻辑到多值逻辑，包括模糊逻辑和粗糙集理论，已为人工智能的形成和发展做出历史性贡献，并已超出传统符号运算的范畴，表明符号主义在发展中不断寻找新的理论、方法和实现途径。联结主义以及行为主义等人工智能学派也开始出现并发展起来。不同人工智能学派间的争论推动了人工智能研究和应用的进一步发展，这表明，传统人工智能的数学计算体系仍不够严格和完整。

在这个时期，特别值得一提的是人工神经网络研究的复兴和智能自

---

① 蔡自兴、徐光祐：《人工智能及其应用》（第四版），北京：清华大学出版社，2010年，6-7页。

主体（Intelligent Agent）① 研究的突起。1943 年，麦卡洛克（Warren Sturgis McCulloch）和皮茨（Walter Pitts）构造了一个表示大脑基本组成的神经元模型。人工神经网络研究在 20 世纪 70 年代进入低潮，直到 1982 年霍普菲尔德（John Joseph Hopfield）提出离散人工神经网络模型，促进了人工神经网络研究的复兴。1986 年，鲁梅尔哈特（David Everett Rumelhart）等人提出了多层神经网络中的反向传播算法，人工神经网络再次出现研究热潮。1987 年在美国召开了第一届人工神经网络国际会议，并成立了国际人工神经网络学会。这表明人工神经网络已置身于国际信息科技之林，成为人工智能的一个重要子学科。

智能自主体是 20 世纪 90 年代随着网络技术特别是计算机网络通信技术的发展而兴起的，并发展为人工智能又一个新的研究热点。人们在人工智能研究过程中逐步认识到，人类智能的本质是一种具有社会性的智能，社会问题特别是复杂问题的解决需要各方面人员共同完成。人工智能，特别是比较复杂的人工智能问题的求解也必须要各个相关个体协商、协作和协调来完成的。人类社会中的基本个体"人"对应于人工智能系统中的基本组元"自主体"，而社会系统所对应的人工智能"多自主体系统"也就成为人工智能新的研究对象。

人工智能已获得愈来愈广泛的应用，并且开始深入渗透到其他学科和科学技术领域。特别是 2016 年 AlphaGo 的问世，震惊了世界；Google、百度以及国内外汽车企业例如特斯拉、长安等也开始纷纷研发

---

① "Agent"在英文中是个多义词，具有"代理"、"媒介"、"作用"等意思。在人工智能领域，Agent 目前也没有一个统一的定义。一般认为，Agent 是一种能在一定环境中自主运行和自主交互，以满足其设计目标的计算实体。可参见曹少中、涂序彦：《人工智能与人工生命》，北京：电子工业出版社，2011 年，196 页。

关于 Agent 的中文译法目前也没有形成统一的意见，例如译作"自主体"、"代理"、"艾真体"、"真体"等，可参见蔡自兴、徐光祐：《人工智能及其应用》（第四版），北京：清华大学出版社，2010 年，313 - 314 页。也有一些学者持有比较谨慎的态度，直接使用英文原文。本书采用"自主体"这种说法。

自动驾驶技术。人工智能在医疗诊断、金融决策等领域也开始得到了不断的应用。

上述这些新出现的人工智能理论、方法和技术，其中包括符号主义学派、联结主义学派和行为主义学派等人工智能三大学派①，已不再是单枪匹马打天下，而往往是携手合作，走综合集成、优势互补、共同发展的道路。② 人工智能研究可以说正处在历史最好时期。

5. 中国的人工智能研究

我国的人工智能研究起步较晚。1978 年，智能模拟开始纳入国家计划的研究；1984 年召开了智能计算机及其系统的全国学术讨论会；1986 年起把智能计算机系统、智能机器人和智能信息处理（含模式识别）等重大项目列入国家高技术研究计划；1993 年起，又把智能控制和智能自动化等项目列入国家科技攀登计划。

进入 21 世纪后，已有更多的人工智能与智能系统研究获得各种基金计划支持，并与国民经济和科技发展的重大需求相结合，力求做出更大的贡献。1981 年起，相继成立了中国人工智能学会及智能机器人专业委员会和智能控制专业委员会、全国高校人工智能研究会、中国计算机学会人工智能与模式识别专业委员会、中国自动化学会模式识别与机器智能专业委员会、中国软件行业协会人工智能协会以及智能自动化专业委员会等学术团体。在中国人工智能学会归属中国科学技术协会直接领导和管理之后，又有一些省市成立了地方人工智能学会，推动了我国人工智能的发展。1989 年首次召开了中国人工智能控制联合会议。

到目前为止，已经有大约 50 部国内编著的具有知识产权的人工智

---

① 关于人工智能三大学派的阐述，可参见本章下一节的具体内容。
② 蔡自兴、徐光祐：《人工智能及其应用》（第四版），北京：清华大学出版社，2010 年，7－8 页。

能专著和教材出版。《模式识别与人工智能》杂志和《智能系统学报》分别于 1987 年和 2006 年创刊。2006 年 8 月，中国人工智能学会联合有关部门，在北京举办了包括人工智能国际会议和中国象棋人机大战等在内的"庆祝人工智能学科诞生 50 周年"大型庆祝活动，产生了很好的影响。2009 年，中国人工智能学会牵头组织，向国务院学位委员会和教育部提出"设置'智能科学与技术'学位授权一级学科"的建议，为我国人工智能和智能科学学科建设不遗余力，并且意义深远。①

尤其值得注意的是，习近平总书记在中国共产党第十九次全国代表大会报告中提出"推动互联网、大数据、人工智能和实体经济深度融合"；2016 年 8 月 8 日，国务院发布了《"十三五"国家科技创新规划》，明确将人工智能列为"面向 2030 年科技创新重大项目"。中国人工智能研究正处在一个蓬勃发展时期。

三、人工智能的主要学派

人工智能发展至今，形成了许多学派，其中主流的学派包括以下三个：符号主义（Symbolicism），联结主义（Connectionism），行为主义（Actionism）。

1. 符号主义学派

符号主义学派，又称为逻辑主义学派（Logicism），即传统的人工智能学派。符号主义学派的理论根基是西蒙和纽厄尔提出的"物理符

---

① 蔡自兴、徐光祐：《人工智能及其应用》（第四版），北京：清华大学出版社，2010 年，8 - 9 页。

号系统假设"。① 即，任何一个能够表现出智能的系统，都必须能执行以下六种功能：输入符号、输出符号、存储符号、复制符号、建立符号结构，条件性转移。反之，如果任何一个系统具有上述六种功能，就能表现出智能；即物理符号系统是智能行为的充分和必要条件。②

符号主义学派认为，人工智能的思想渊源来自于数理逻辑。数理逻辑从 19 世纪末开始迅速发展起来，到 20 世纪 30 年代开始用于描述智能行为。计算机出现以后，人工智能学家成功地在计算机上实现了逻辑演绎系统。1955 年至 1956 年，纽厄尔、西蒙和肖（John Clifford Shaw）等人编写了"逻辑理论家"（Logic Theorist），为了证明怀特海和罗素的《数学原理》中的定理而设计的程序，表明可以应用计算机研究人的思维过程，模拟人类的智能活动。③ 从 1957 年开始，他们三人开始研究一种不依赖于具体领域的通用解题程序，称之为"GPS"（General Problem Solver）。他们相信，通过研究和总结人类思维的普遍规律，并在此基础上建立一个通用的符号运算体系，就可以做到对于输入的任何智能问题，这个体系都能给出一个满意的解答。这就是说，虽然人们暂时并不知道符号在大脑中如何存储，如何被比较或联结，但是计算机程序却可以对符号结构进行操作，从而达到对人的思维的近似甚至逼真的描述。他们认为"启发式规则"可能是人类求解智能问题的核心，因此在"GPS"的后期改进中使用了"启发式规则"的方法。"GPS"计划持续了十几年，所开发的程序虽然能够解决一些简单的智力问题，但是问题的复杂性一旦增加，就不再适用。实际上，这样一个万能的推理体

① A. Newell, H. Simon. Computer Science as Empirical Inquiry [J]. Communication of the Association for Computing Machinery, 1976, 9 (3). 可参考玛格丽特·A·博登编著，刘西瑞、王汉琦译：《人工智能哲学》，上海：上海世纪出版集团，2006 年，113 - 142 页。

② 董军：《人工智能哲学》，北京：科学出版社，2011 年，10 页。

③ 蔡自兴、徐光祐：《人工智能及其应用》（第四版），北京：清华大学出版社，2010 年，9 页。

系至今也没有被创造出来。"GPS"失败的一个重要原因是，人们在实际解决问题时，并不仅仅是依据抽象的推理规则行事，很大程度上还取决于已有的常识、所处的背景知识，以及其他形象推理等方式。① 而常识或者背景知识等具有很强的模糊性，将其形式化时，面临着诸多的局限。

符号主义曾长期一枝独秀，为人工智能的发展做出了重要贡献。但是，到了 20 世纪 80 年代以后，以符号主义为代表的传统人工智能学派比较缓慢；到目前为止，符号主义学派仍然是人工智能研究领域的主流学派。②

2. 联结主义学派

联结主义学派又称为仿生学派（Bionicsism）或生理学派（Physiologism），试图从人的神经系统结构出发，研究神经网络以及神经网络间的神经机制。该学派研究的核心是人工神经网络（Artificial Neural Network，简称 ANN），所谓人工神经网络，就是由类神经元（结点）交织连接而成的系统，其中每个单元通过激发或抑制的方式影响其他单元的活动。③

联结主义把人的智能归结为人脑中大量简单的神经元通过复杂的相互联结并进行活动的结果。联结主义者希望通过对大脑的结构以及大脑进行信息处理的过程和机理的研究，来揭示人类智能的奥秘；并力图在计算机上实现对人脑的模拟。④ 1933 年，心理学家桑代克（Edward Thorndike）指出，人类的学习存在于一些神经元性质的加强之中。1943

---

① 郦全民：《用计算的观点看世界》，广州：中山大学出版社，2009 年，137 页。
② 蔡自兴、徐光祐：《人工智能及其应用》（第四版），北京：清华大学出版社，2010 年，9 页。
③ 郦全民：《用计算的观点看世界》，广州：中山大学出版社，2009 年，140 页。
④ 程石．人工智能发展中的哲学问题思考［D］．西南大学，2013：12.

年，人工智能学家麦卡洛克和皮茨提出，大脑中每个神经元都是一个简单的信息处理器，而大脑作为一个整体是一台巨大的计算机，并建立了对应的人工神经网络模型——"McCulloch – Pitts 模型"，即"MP 模型"。1949 年，心理学家赫伯（Donald Hebb）指出，大脑在学习时，神经元之间的联结会有特殊的增强。罗森布莱特（Frank Rosenblatt）的贡献在于人工神经网络理论方面的数学工作以及用计算机对人工神经网络的性质进行实验研究。罗森布莱特为他的方法选择了术语"联结主义"，用来强调学习和修正神经元之间联系的重要性。由于当时人工神经网络的局限性，特别是硬件集成技术的局限性，人工神经网络到 20世纪 70 年代落入低潮，直到 1982 年，物理学家霍普菲尔德开创性地把统计物理学的思想用于人工神经网络的建模，并发现了广泛的应用前景，人工神经网络的研究才再次掀起热潮。1986 年，鲁梅尔哈特等人提出了多层神经网络中的反向传播算法，即"BP 算法"（Error Back Proragation 算法，简称"BP 算法"）。1987 年，在美国召开了第一届人工神经网络国际会议，并发起成立了国际人工神经网络学会。这表明人工神经网络已经成为了人工智能的一个重要子学科。[①]

近年来，随着机器深度学习技术的突破，对人工神经网络的研究已经成为人工智能中热度最高的一个子领域。

3. 行为主义学派

行为主义学派又称为进化主义（Evolutionism）或控制论主义（Cyberneticsism），行为主义的思想主要源于控制论。

控制论思想早在 20 世纪 40 年代就已经成为时代思潮的重要部分，并影响了早期的人工智能学者。1948 年，维纳（Norbert Wiener）出版

---

① 董军：《人工智能哲学》，北京：科学出版社，2011 年，10 页。

了著名的《控制论：或关于在动物和机器中控制和通讯的科学》① 一书，指出，机器的自适应、自组织、自修复和学习功能是由系统的输入、输出的反馈行为决定的。控制论把神经系统的工作原理与信息理论、控制理论等联系起来。控制论推进了智能控制与智能机器人的研究。行为主义的代表人物是布鲁克斯（Rodney Brooks），布鲁克斯成功研制出了一个机器人"Herbert"（以西蒙（Herbert Alexander Simon）的名字命名），"Herbert"拥有150个传感器和23个执行器，可以像蝗虫一样能做六足行走；虽然不具备人的推理能力，但应对复杂环境的能力却大大超过了以往的机器人。②

符号主义、联结主义和行为主义三个人工智能学派各有特点，都对人工智能的发展做出了巨大贡献。随着不同学科的不断交叉融合，三个学派也将继续发展下去。传统上，人机协同系统主要是从符号主义学派的研究延续下来，并结合了部分联结主义学派和部分行为主义学派的观点，故从分类上讲，大体可以划归为符号主义学派，是传统人工智能的延续。③

四、人机协同系统的发展现状

随着具有能够进行符号计算和实现部分推理的人工智能系统的出现和发展，人们自然会想到：在认识世界和改造世界的过程中，可以将人工智能系统的计算和推理能力与人的认知能力有机地结合起来，来更好

① 可参考——维纳著，郝季仁译：《控制论：或关于在动物和机器中控制和通信的科学》，北京：北京大学出版社，2007年。
② 蔡自兴、徐光祐：《人工智能及其应用》（第四版），北京：清华大学出版社，2010年，10页。
③ 近年来迅速发展的深度学习技术正在改变这种状况。

更有效地求解问题，特别是单凭人的推理能力无法求解的问题。于是，对人机协同系统的研究便应运而生了。

本书的绪论中，我们已经对人机协同系统这一概念的产生和研究的历史进行了一定的综述。因此，这里着重对其发展现状和趋势作必要的论述。如前所述，我们将人机协同系统的概念定义为：人和计算机共同组成的一个推理系统，其中计算机主要处理部分计算和推理工作（例如演绎推理、归纳推理、类比推理等等），在计算机力不能及的部分，需要人的参与，特别是需要作出选择、决策以及评价之时；人与计算机相互协同，可以更高效地处理各种复杂的问题。这样的系统可以说经历了一段逐步积累、渐进发展的历程；尤其是最近的三十年，随着人工智能的不断发展，人机协同系统也步入了发展的快车道。

人机协同系统经历了数十年的发展，在很多领域已经取得了良好的应用效果与经济效益。以下，以新近出现的协同式专家系统、计算机集成制造系统为例来进行说明。

1. 协同式专家系统

当前存在的大部分专家系统，在规定的专业领域内，它是一个"专家"，但一旦超出特定的专业领域，专家系统就可能无法工作。协同式专家系统正是为了克服一般专家系统的局限性而逐渐发展起来的。20 世纪 80 年代中叶，随着常识推理和模糊理论实用化，以及深层知识表示技术的成熟，专家系统开始向着多知识表示、多推理机的多层次综合型转化。协同式专家系统立足于纠正传统专家系统对复杂问题求解的简单化，开始追求深层解释和推理。协同式专家系统的实现原则是技术互补，起始于单纯的知识表示和推理方法的结合，并逐渐发展到专家系统结构上的综合。

协同式专家系统能综合若干个相近领域或一个领域多个方面的分专

家系统相互协同工作，共同解决一个更广泛的问题。在研究复杂问题时，可以将确定的总任务分解成几个分任务，分别由几个专家系统来完成。各个专家系统发挥自身的特长，解决一个问题再进行子系统的协同，以确保专家系统的推理更加全面、准确、可靠。① 协同式专家系统协同推理解题的过程可分为四个阶段：问题划分、子问题的分配、核心子问题求解和推理结果的综合。这四个阶段是递归②的，对于非核心子问题需继续这一过程，而且可能反复"递归——回溯"，直到问题解决为止。③

以医疗领域的协同式专家系统为例来进行说明。当今的恶性肿瘤包括多种，肺癌、胃癌、肝癌、食道癌、鼻咽癌、白血病等等。如果针对每一种恶性肿瘤开发一款专家系统，那么这样的专家系统就只能辅助诊断一种癌症；这显然是人力与资源的浪费。专家们开发出了"沃森医生"（Doctor Watson）④ 以及"十大常见恶性肿瘤诊疗专家系统"等协同式专家系统，可以很好地辅助医生们诊断出各种不同的癌症，并给出相应的治疗方案。医生与专家系统（计算机等）相互协同，不仅节约了医生的时间与精力，而且极大地提高了诊断的准确率，取得了良好的效果。⑤

2. 计算机集成制造系统

此外，人机协同系统也已经应用在现代制造业中，并取得了很好的

---

① 张子云，曹鹏. 主体与协同：专家系统的发展方向［N］. 计算机世界，2007 - 10 - 29（B11）.

② 此处的"递归"，特指计算机领域的术语：指的是程序调用自身的编程技巧。第四章第三节中涉及"AlphaGo"的"递归"概念同此意。

③ 龙元香，王元元，邵军力. 肿瘤多级专家系统中的协同推理［J］. 通信工程学院学报，1992（1）：2 - 3.

④ 关于"沃森医生"的具体阐述，可参见本书第四章第二节。

⑤ 龙元香，王元元，邵军力. 肿瘤多级专家系统中的协同推理［J］. 通信工程学院学报，1992（1）：2 - 3.

成效。在现代制造业中，计算机集成制造系统正在迅速发展起来。计算机集成制造系统由美国学者哈林顿（Joseph Harrington）于 1973 年首次提出，指的是综合运用现代管理技术、制造技术、信息技术、系统工程技术等，将企业生产全部过程中有关的人、机（计算机、生产及控制设备等）有机集成并优化运行的复杂的大系统。① 在这样的系统中，人与机器配合工作，各司其职。人主要从事感知、推理、决策、创造等方面的工作；机器则在生产过程的实施与控制方面发挥作用，或者从事由于生理或心理因素人们无法完成的工作。②

在最近的几十年中，尤其是自 1990 年之后，美国、西欧、日本、韩国以及中国的多家化工、钢铁以及机械制造等企业纷纷采用了计算机集成制造系统；据调查表明，多家企业在采用了计算机集成制造系统之后，明显地提高了生产效率、产品质量与设备利用率，并显著地减少了工程设计量，缩短了生产周期，取得了良好的经济效益。③

五、人机协同系统的未来趋势

把握人机协同系统的发展趋势与对人工智能的理解存在着一定的关联。在人工智能研究领域，专家们对人工智能的作用的发展前景有着一定的分歧，这些分歧大致可以划归为两类——弱人工智能（Artificial Narrow Intelligence，简称 ANI）和强人工智能（Artificial General Intelligence，简称 AGI）。弱人工智能一般认为是人们给计算机设定求解目

---

① 黄席樾，刘卫红，马笑潇，胡小兵，黄敏，倪霖. 基于 Agent 的人机协同机制与人的作用 [J]. 重庆大学学报，2002（9）：32.

② 黄席樾，刘卫红，马笑潇，胡小兵，黄敏，倪霖. 基于 Agent 的人机协同机制与人的作用 [J]. 重庆大学学报，2002（9）：32.

③ 李美芳. CIMS 及其发展趋势 [J]. 现代制造工程，2005（9）：114.

标，并设计算法，计算机根据求解目标，遵循已知算法，最后得出求解结果。强人工智能则更进一步，认为计算机有自主学习的能力，将（可能）会有意识与自我意识，可以自行设定目标，自行设计算法，并自行得出求解结果。

坚持弱人工智能的专家学者们认为：能真正地进行推理和解决问题的智能机器是不可能被制造出来的。因为机器只能执行人的指令，其被赋予的某种智能是被设定的。与之相反，坚持强人工智能的学者们认为真正能进行自主推理和解决问题的智能机器是可以被制造出来的，并且机器能够进行思考。①

在本章中，笔者暂时搁置弱人工智能与强人工智能的哲学分歧②，只将其列为人工智能发展的不同阶段。这样，可以说，目前人机协同系统的发展中，已经很好地实现了（或正在实现）弱人工智能，并取得了丰硕的成果；例如目前的各种专家系统，就可以划归为弱人工智能的研究成果。在诸多人机协同系统中，计算机已经很好地完成了人们分配和指定的计算和推理任务，在很大程度上解放了人们的双手和大脑。

目前，强人工智能仍面临很多哲学和现实问题，但是人工智能专家仍在积极努力探索，试图突破各种局限。笔者认为，随着强人工智能的发展，人机协同系统也将不断地发展，将更好地替代人们的工作，把人们从繁重的工作中进一步解放出来。

---

① Stuart J. Russell，Peter Norvig 著，殷建平、祝恩、刘越、陈跃新、王挺译：《人工智能——一种现代的方法》（第三版），北京：清华大学出版社，2013 年，851 页。如果强人工智能实现，则将完全通过图灵测试，并达到"技术奇点"。关于"技术奇点"可参见本书第七章第四节的内容。

② 关于人工智能的哲学讨论，以及弱人工智能与强人工智能的内容可参考本书最后四章的内容。

第三章

人机协同系统的推理机制

如前所述，人机协同系统是人与计算机（严格地说为计算机所实现的人工智能子系统）协同组成一个计算系统，来完成认知和决策等任务。而理解和利用这样的系统的关键之处是需要把握人的推理和机器推理各自的长处和短处，以便将两者有机地结合起来，更有效地解决问题。因此，有必要对人机协同系统的推理机制进行系统的阐述和分析。为了论述的全面性和系统性，在本章中，笔者将首先对逻辑学中关于推理的一般性知识作简要的介绍，然后再通过分析人的推理和计算机推理各自的特点，来阐述人机协同系统的实现条件。最后，则论述人机协同系统的结构特征与推理机制。

一、逻辑学中的推理概念

1. 概念、命题和推理

在逻辑学的研究中，概念、命题①和推理是具有层次性的三个基本

---

① "命题"是英文"Proposition"的中文翻译；有的书籍和论文中不使用"命题"，而是采用"判断"（Judgement）这一说法。在本书中，一般采用"命题"的说法。

范畴。

"概念"（Concept）一般认为是反映对象的特有或本质属性的思维形式。①

"命题"（Proposition）一般认为是陈述事物并且有真假的语句。命题是对事物有所陈述，而事物之间一般具有种种的联系；所以，陈述事物情况的命题之间也相应地具有各式各样的联系。根据这些联系，可以由一个或一些已知命题推导或引申出另一个或一些命题。具有这种推导关系的命题，就构成了推理。②

"推理"（Reasoning；Inference）一般认为就是从一个或几个已知命题推出新命题的思维形式。任何推理都是由前提、结论两部分构成的。作为推理根据的已知命题称为"前提"，根据已知命题推出的新的命题称为"结论"，而前提和结论之间的逻辑连接方式，称为推理形式。③

需要指出的是，在探究人机协同系统的推理及其哲学基础时，我们不仅要考察推理的形式结构，而且要关注推理的内容和实际发生的过程。这样，推理概念的含义就显得更为丰富，推理的类型也更为多样。

2. 推理的分类

根据不同的划分标准，可以将推理分为不同的种类。

如果按照推理"有效性"（Validity）④ 的标准，一般可以将推理分

---

① 参考自刘韵冀：《普通逻辑学简明教程》（第二版），北京：经济管理出版社，2009年，18 页。以及程树铭：《逻辑学》（修订版），北京：科学出版社，2013 年，11页。

② 刘韵冀：《普通逻辑学简明教程》（第二版），北京：经济管理出版社，2009 年，107 页。

③ 程树铭：《逻辑学》（修订版），北京：科学出版社，2013 年，34 – 36 页。

④ 参见斯蒂芬·雷曼（C. Stephen Layman）著，杨武金译：《逻辑的力量》（第三版），北京：中国人民大学出版社，2010 年，3 – 5 页。

为两种："必然推理"与"或然推理"。如果从"思维过程"来看，推理一般又可以分为两大类：抽象推理和形象推理。抽象推理的主要载体是语言，一般包括演绎推理（Deductive Reasoning）、归纳推理（Inductive Reasoning）、类比推理（Analogical Reasoning）等。[①]而形象推理的研究对象却是形象性的事物，包括图像，颜色，图示，以及形象性的符号等。[②]

　　无论是传统逻辑还是现代逻辑，所研究的主要对象都是抽象推理的规律。例如上文中提到的演绎推理、归纳推理以及类比推理等，都属于抽象推理的范畴。逻辑学之所以将抽象推理作为主要的研究对象，是因为有一个重要的假定，那就是人类的推理是以语言为载体的。应当说，大部分人在大多数情况下确实是以语言为载体而进行推理或者思维的。然而，并不是所有的人在所有的情况下都是仅仅以语言为载体而进行推理的。例如没有语言的先民、不会说话的婴儿等等并不是以语言为载体来进行思维和推理的。[③]而且科学家的创造性思维也有很多不是以语言为载体而进行思维的。例如德国地质学家魏格纳（Alfred Lothar Wegener）提出"大陆漂移假说"的过程，就使用了形象推理的方法。[④]

　　今天，我们已经置身于一个到处都充满了图形世界之中，图形已经

[①]　华东师范大学哲学系逻辑学教研室编：《形式逻辑》（第四版），上海：华东师范大学出版社，2009年，199-200页。

[②]　杜国平. 图形推理研究［J］. 北京行政学院学报，2007（2）：99.

[③]　杜国平. 图形推理研究［J］. 北京行政学院学报，2007（2）：99.

[④]　魏格纳于1908年在马尔堡大学（Philipps-Universität Marburg）担任气象学、天文学和宇宙物理学应用讲师。他于这段时期留意到非洲大陆西岸和南美洲东岸的海岸线很相似，因此推测大陆原本是相连的，后来随着时间的推移，由于天体的引力和地球自转所产生的离心力，使原本一块的大陆分成许多块。这些大陆板块就像木块漂在水面上一样，逐渐地漂移分开，这就是著名的"大陆漂移假说"。魏格纳于1915年出版了《海陆的起源》（可参见 阿尔弗雷德·魏格纳著，涂春晓译：《海陆的起源》（The Origin of Continents and Oceans），南京：江苏人民出版社，2011年）一书，详细阐述了他的观点。参考自刘培育：《创新思维导论》，北京：大众文艺出版社，1999年，56页。

构成了我们生活中不可或缺的部分。所以说，关于形象推理的研究也是非常重要的。从近代到现代，已经先后有欧拉（Leonhard Euler）、维恩（John Venn）、皮尔士（Charles Peirce）、巴威斯（Jon Barwise）等人进行过图式逻辑（Diagrammatic Logic）的研究。关于欧拉、维恩、皮尔士、巴威斯等人的研究，前人已经有诸多论述，本书不再一一展开讨论。

总而言之，对于人类的智能而言，抽象推理和形象推理缺一不可。①

二、人的推理方式

如上所述，逻辑学是对推理的形式和规则的研究，而从认知的角度看，推理则是人类（也许还包括一些高等动物）的基本认知过程。因此，一直以来，推理的过程和机制是认知心理学和认知科学研究的主要内容之一。

人类在认识世界、获取知识的过程中，对于存在着哪些推理类型和推理的机制如何，认知心理学家和认知科学家已经做了大量的经验和理论研究。目前比较公认的观点是：在人的认知系统中存在着两个相区别的推理子系统，分别称作系统1（或类型1）和系统2（或类型2）。这就是"双重推理假设"，并且已经得到了许多经验证据的支持。根据这一假设，系统1的推理模式具有快的、平行的、自动的、情景依赖的、直觉的、联想的和无意识的等特点；而与之相对照，系统2的推理则是

---

① 朴国平.图形推理研究 ［J］.北京行政学院学报，2007（2）：99.

慢的、串行的、慎思的、抽象的、基于规则的和意识的。① 从进化的角度看，系统1居先于系统2，且为人类和一些高等动物所共有（程度则有所不同），系统2则通常认为是人类所独有的。从功能特征上看，系统1的推理与我们通常所说的形象推理相接近，能更直接地表征外在世界的结构和过程，故能快速而直接地反映外在世界中事物的属性和状态，并有效地指导行动；而对命题性知识所进行的操作，则更多地需由系统2来完成，因此接近于抽象推理。

在认知过程中，系统1和系统2一般处于相互合作和协调的活跃状态，来完成各种认知和行为任务。卡尼曼（Daniel Kahneman）认为："当我们醒着时，系统1和系统2都处于活跃状态。系统1是自主运行，而系统2则通常处于不费力的放松状态，运行时只有部分能力参与。系统1不断为系统2提供印象、直觉、意向和感觉等信息。如果系统2接受了这些信息，则会将印象、直觉等转变为信念，将冲动转化为自主行为"。②

系统1接近于形象推理，而关于形象推理能力，除了联想和直觉，还包括人类拥有的灵感与顿悟等创新性的思维方式。灵感和顿悟通常是指人在科学或文艺创作的高潮时，突然出现的、转瞬即逝的短暂的思维过程。千百年来，灵感和顿悟作为人类面对和解决科学问题以及其他一些困难问题的一种独特方式，基本已经得到了广泛的认可。它具有一些与常规解题、常规推理不同的特征。例如顿悟前经常有百思不得其解的阶段，灵感到来之时，与顿悟过后也很难说清楚究竟是如何思考与推理的。

---

① J. S. B. T. Evans and K. E. Stanovich. Dual – Process Theories of Higher Cognition: Advancing the Debate [J]. Perspectives on Psychological Science, 2013 – 8 (3): 223 – 241.

② 丹尼尔·卡尼曼:《思考，快与慢》，胡晓姣，李爱民和何梦莹译，北京：中信出版社，2012年，8页。

灵感与顿悟是某种无意识的突然升华与释放，参透本质又韵味盎然。灵感与顿悟并不是通常的逻辑思维和逻辑推理，也并没有共同的思考规范与推理规律。① 然而纵观人类文明的发展史，尤其是科学发现以及技术发明的历史，我们可以明晰地知道，灵感与顿悟是一种必要的、乃至不可或缺的思想方法。通过灵感与顿悟得到的思想，并非可以不加论证，直接应用；反而需要更加审慎的推理以及更为细致的论证，才可以真正实现科学的发现、技术的发明以及思想的创新。因此，灵感与顿悟同样需要审慎、细致的推理与论证过程。

总而言之，人的推理方式是多种多样的。究其原因，是因为人类在进化过程中，需要具有高效的推理系统，才能在残酷的生存竞争中取得优势。在通常情况下，只需快速地对环境作出认知响应，就能够成功地行动，因此，系统 1 就能够胜任并且代价小。而当系统 1 遇到麻烦，特别是需要作出具有前瞻性的决策时，系统 2 就能更好地发挥作用。

当然，人之所以有多种多样的推理方式，与人脑的复杂的工作机制密不可分。人脑的工作机制以及信息在脑中的形成方式、结构形式和转化过程如图 3 - 1 所示：

从图中可以看到人脑最基本的思维过程和思维方法。

外部的光、声、刺激等信息进入感知器官，并转化为神经脉冲。这些含有外部信息特征的原始的层次图形和层次结构的神经脉冲进入脑细胞，脑细胞记住并积累这些外部信息的原始图形。脑抽取出原始图形集合中各子集的共同部分，从这些共同部分中，生成等价关系。由等价关系将集合划分成等价类，在脑中形成高一层次的集合，集合的整体形成最原始的抽象概念。通过交流信息，进一步深化这种层次关系，并从这些层次关系中，生成更高层次的关系。图形和关系的综合构成了脑对外部世界的看法和认识——一个统一的连续的整体，即概念。一方面，将

① 董军：《人工智能哲学》，北京：科学出版社，2011 年，86 - 88 页。

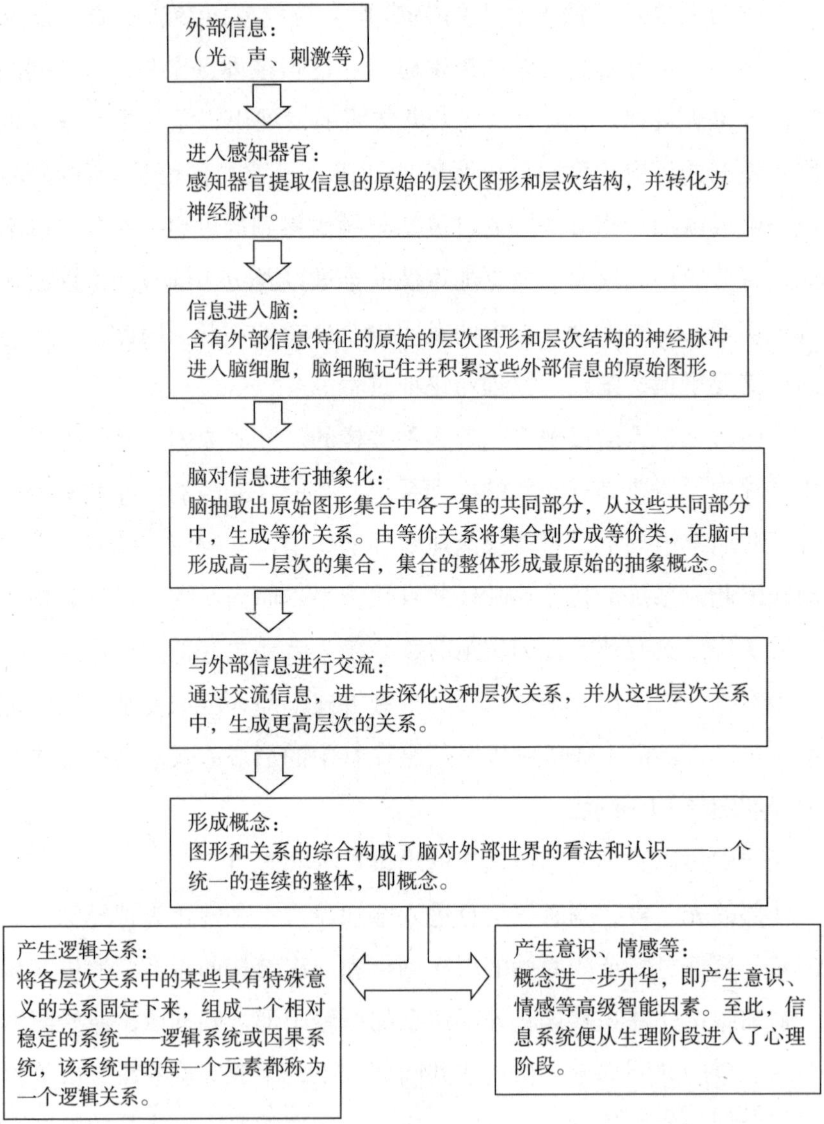

```
┌─────────────────────────┐
│ 外部信息:               │
│ (光、声、刺激等)        │
└─────────────────────────┘
            ⬇
┌───────────────────────────────────────────────────┐
│ 进入感知器官:                                      │
│ 感知器官提取信息的原始的层次图形和层次结构,并转化为 │
│ 神经脉冲。                                          │
└───────────────────────────────────────────────────┘
            ⬇
┌───────────────────────────────────────────────────┐
│ 信息进入脑:                                        │
│ 含有外部信息特征的原始的层次图形和层次结构的神经脉冲 │
│ 进入脑细胞,脑细胞记住并积累这些外部信息的原始图形。 │
└───────────────────────────────────────────────────┘
            ⬇
┌───────────────────────────────────────────────────┐
│ 脑对信息进行抽象化:                                │
│ 脑抽取出原始图形集合中各子集的共同部分,从这些共同部分│
│ 中,生成等价关系。由等价关系将集合划分成等价类,在脑中│
│ 形成高一层次的集合,集合的整体形成最原始的抽象概念。 │
└───────────────────────────────────────────────────┘
            ⬇
┌───────────────────────────────────────────────────┐
│ 与外部信息进行交流:                                │
│ 通过交流信息,进一步深化这种层次关系,并从这些层次关系│
│ 中,生成更高层次的关系。                            │
└───────────────────────────────────────────────────┘
            ⬇
┌───────────────────────────────────────────────────┐
│ 形成概念:                                          │
│ 图形和关系的综合构成了脑对外部世界的看法和认识——一个│
│ 统一的连续的整体,即概念。                          │
└───────────────────────────────────────────────────┘
       ⬅                            ➡
┌──────────────────────┐  ┌──────────────────────┐
│ 产生逻辑关系:        │  │ 产生意识、情感等:    │
│ 将各层次关系中的某些具│  │ 概念进一步升华,即产生│
│ 有特殊意义的关系固定下│  │ 意识、情感等高级智能因│
│ 来,组成一个相对       │  │ 素。至此,信息系统便从│
│ 稳定的系统——逻辑系统 │  │ 生理阶段进入了心理阶  │
│ 或因果系统,该系统中的 │  │ 段。                  │
│ 每一个元素都称为       │  │                      │
│ 一个逻辑关系。         │  │                      │
└──────────────────────┘  └──────────────────────┘
```

图 3-1 人脑的工作机制以及信息在脑中的处理过程①

各层次关系中的某些具有特殊意义的关系固定下来,组成一个相对稳定

---

① 杨国为:《人工脑信息处理模型及其应用》,北京:科学出版社,2011 年,10 页。

的系统——逻辑系统或因果系统；另一方面，概念进一步升华，即产生意识、情感等高级智能因素。在这里，概念和意识是整个思维的基础。概念是人们对事物最直接、最表象的认识，是同一种同一类事物的集合在大脑中的映射。它来源与人们的感觉器官对外部事物的感觉、印象或认识，这种感觉、印象或认识多了、深刻了，就形成了概念。而较高级的概念都是从较低级的具体概念或原始概念中派生出来的。而概念进一步组合和发展，就会产生出命题、推理、意识、情感等更高级的因素。① 总而言之，可以说，由于人的大脑有着复杂的工作机制，从而使得人类具有多种多样的推理方式。

三、计算机的推理方式

1. 计算机的结构

从 20 世纪 40 年代，电子计算机 EDVAC（Electronic Discrete Variable Automatic Computer）的产生，直到现在最先进的大型、巨型计算机，普遍采用的都是冯·诺依曼结构（也称为"普林斯顿结构"（Princeton Architecture））。

"冯·诺依曼结构"这个词出自冯·诺依曼于 1945 年 6 月 30 日发表的论文《EDVAC 报告书的第一份草案》（*First Draft of a Report on the EDVAC*)②。在这篇论文中，冯·诺依曼提出了存储程序逻辑架构。

冯·诺依曼结构计算机的主要特点是：计算机的数制采用二进制；

---

① 杨国为：《人工脑信息处理模型及其应用》，北京：科学出版社，2011 年，9 – 10 页。

② 冯·诺依曼的论文《EDVAC 报告书的第一份草案》（*First Draft of a Report on the EDVAC*）；可参考 John von Neumann. First draft of a report on the EDVAC. Annals of the History of Computing，IEEE，1993：27 – 75.

计算机应该按照程序顺序执行。

冯·诺依曼结构计算机包括五大部分：（1）输入设备；（2）存储器；（3）运算器；（4）控制器；（5）输出设备。

冯·诺依曼结构计算机的工作机制如下图所示：

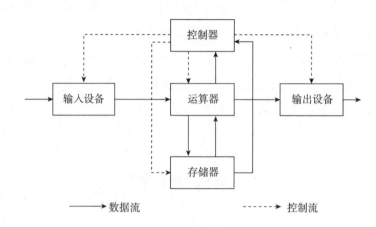

图 3 - 2　冯·诺依曼结构计算机的工作机制

冯·诺依曼结构计算机实现的功能包括：

（1）把需要的程序和数据输入到计算机中。

（2）记忆程序、数据以及中间结果和最终结果。

（3）完成各种数学计算、逻辑运算和数据传送。

（4）根据需要控制程序走向，根据指令控制机器的各部件协调运作。

（5）按照要求将处理结果输出。

冯·诺依曼结构计算机自诞生之日起发展就十分迅速，而且已经广泛应用在人类社会的方方面面，给人类带来了无数的便利，如今已经成为了人类必不可少的工具之一。

然而，冯·诺依曼结构计算机并不是十全十美的，反而会导致所谓的"冯·诺伊曼瓶颈"（von Neumann Bottleneck）——在 CPU 与存储器之间的流量（数据传输率）与存储器的容量相比起来相当小。因为CPU 的计算速度远大于存储器的读写速率，并且随着时间的进展，还有继续扩大的趋势。

除此之外，修改程序很可能也是非常具有伤害性的。例如，在一个简单的冯·诺依曼结构的计算机上，恶意软件与计算机病毒就可以破坏其他程序、操作系统、甚至是计算机硬件本身。

2. 目前计算机可以实现的推理方式

计算机的推理功能由计算机实现，而目前的计算机普遍采用的都是"冯·诺依曼结构"，所以计算机的推理过程就必须形式化和程序化，从而可以被计算机所处理。

在计算机与人工智能的研究中，谓词逻辑的应用非常广泛。谓词逻辑既能指明事物的名称，又能指明有关该事物的性质（或状态）。并且谓词逻辑能够比较清晰地表达人类思维活动的规律，比较接近人类的自然语言。[1]

谓词逻辑通常具有自然性、精确性、严密性以及容易在计算机上实现的优点，然而同时也有着一些缺陷，例如不能表示不确定性的知识，处理的效率也比较低。[2]

由于人类的很多知识都具有不同程度的不确定性，而谓词逻辑在表达不确定知识方面受到限制，所以人们需要其他工具来表达不确定知识，来实现不确定推理。在计算机科学和人工智能领域，人们通常使用

---

① 刘白林：《人工智能与专家系统》，西安：西安交通大学出版社，2012 年，36 – 37 页。

② 刘白林：《人工智能与专家系统》，西安：西安交通大学出版社，2012 年，39 页。

主观贝叶斯方法①、证据理论、模糊推理和粗糙推理等方式来实现不确定推理。

以下以主观贝叶斯方法为例来进行说明。

主观贝叶斯方法是由杜达（Richard O. Duda）等人在贝叶斯公式研究的基础上，于1976年提出的一种不确定推理模型，是最早用于处理不确定推理的方法之一；该方法在地矿勘探专家系统 PROSPECTOR 中得到了成功的应用。②

主观贝叶斯方法以概率论中的贝叶斯公式为基础。贝叶斯公式如下：

设事件 B_1，B_2，$\cdots$，B_n，满足下列条件：

（1）任意两个事件都互不相容，即当 i≠j 时，有 $B_i \cap B_j = \emptyset$（i = 1，2，$\cdots$，n；j = 1，2，$\cdots$，n)③

（2）$P(B_i) > 0$（i = 1，2，$\cdots$，n)④

（3）样本空间 D 是各个 B_i(i = 1，2，$\cdots$，n)的集合，即 $D = \bigcup_{i=1}^{n} B_i$

那么，对于任何事件 A 来说，则有

$$P(B_i|A) = \frac{P(A|B_i)P(B_i)}{\sum_{j=1}^{n} P(A|B_j)P(B_j)}, i = 1，2，\cdots，n$$

在公式中，$P(B_i)$ 是事件 B_i 的先验概率，先验概率是在不考虑任何证据的情况下由专家凭经验所给出的；$P(A \mid B_i)$ 指的是事件 B_i 发生的条

---

① 主观贝叶斯方法的基础是贝叶斯公式，贝叶斯公式是由英国数学家贝叶斯（Thomas Bayes）提出的，目前被广泛应用在概率论和统计数学领域；下文有贝叶斯公式的具体表达。

② 刘白林：《人工智能与专家系统》，西安：西安交通大学出版社，2012年，97页。

③ 此处以及下文提到的符号"∩"，"∪"，"Ø"均为集合论符号，"∩"指的是取交集运算，"∪"指的是取并集运算，"Ø"为空集。

④ 此处的"P（B_i）"是概率论符号，意即事件 B_i 发生的概率。同理，P（A）指的是事件 A 发生的概率，P（A | B）指的是事件 B 发生的条件下，事件 A 发生的概率。

件下，事件 A 发生的概率；同理，$P(A \mid B_j)$ 指的是事件 B_j 发生的条件下，事件 A 发生的概率；$P(B_j)$ 指的是事件 B_j 发生的概率；$P(B_i \mid A)$ 指的是事件 A 发生的条件下，事件 B_i 发生的概率。贝叶斯公式的意义就在于，将 $P(B_i \mid A)$ 的运算转化为对 $P(A \mid B_i)$ 和 $P(B_i)$ 的运算。

依据贝叶斯公式进行计算的方法比较直接、简单。但是，贝叶斯公式的使用要求事件 $B_1, B_2, \cdots B_n$ 互不相容，并且需要计算 $P(A \mid B_i)$ 和 $P(B_i)$。在现实中，直接应用贝叶斯公式求解问题是比较困难的，因为必须知道事件 B_i 的先验概率 $P(B_i)$ 和事件 A 在事件 B_i 发生时的条件概率 $P(A \mid B_i)$。

主观贝叶斯方法在贝叶斯公式基础上确定了不确定推理的模型，在主观贝叶斯方法中，知识采用产生规则的形式表示，具体表示方式如下：

IF A，THEN（LS，LN）B。

其中，A 为证据，B 为结论；（LS，LN）是为了度量知识的不确定性而引入的一组数值，用来表示知识的强度。LS 为规则成立的充分性度量，体现了证据 A 的成立对结论 B 的支持度；LN 为规则成立的必要性度量，体现了证据 A 的不成立对结论 B 的支持度。LS 和 LN 的具体表示如下：

$$LS = \frac{P(A \mid B)}{P(A \mid \neg B)}$$

$$LN = \frac{P(\neg A \mid B)}{P(\neg A \mid \neg B)}$$

为了方便后面的讨论，在这里建立几率函数 O（x），O（x）和概率函数 P（x）的关系为：

$$O(x) = \frac{P(x)}{1 - P(x)} \qquad\qquad ①$$

该函数体现的是 x 出现的概率与不出现的概率之比。根据 LS，LN

的定义，可以得出：

$$O(B \mid A) = LS \cdot O(B) \qquad\qquad ②$$

$$O(B \mid \neg A) = LN \cdot O(B) \qquad\qquad ③$$

由 1 带入 2 可得，

$$P(B \mid A) = \frac{LS \cdot P(B)}{(LS - 1) \cdot P(B) + 1} \qquad\qquad ④$$

同理，由 1 带入 3 可得，

$$p(B \mid \neg A) = \frac{LN \cdot P(B)}{(LN - 1) \cdot P(B) + 1} \qquad\qquad ⑤$$

④式为证据 A 肯定为真时，将结论 B 的先验概率 P（B）更新为其后验概率 P（B ∣ A）的公式；⑤式为证据 A 肯定为假时，将结论 B 的先验概率 P（B）更新为其后验概率 P（B ∣ ¬ A）的公式。

在实际的应用中，LS 和 LN 的值均由领域专家根据经验给出，所以，进行不确定性推理时，只需要知道 P（B_i）的值，就可以求得，P（B ∣ A）的值，从而可以绕开对 P（A ∣ B_i）的求解。

领域专家在为 LS 和 LN 赋值时，可依据 LS 和 LN 的性质来进行赋值。例如 LS 体现的是证据的成立对结论的支持度，由 LS 的定义可知：当 LS > 1 时，证据支持结论；当 LS = 1 时，证据对结论无影响；当 LS < 1 时，证据不支持结论。LN 体现的是证据的不成立对结论的支持度，其性质可以类推。由此可以得出，当证据越支持结论时，推理系统中 LS 的值就越大。

结合上述贝叶斯公式的理论基础，使得不确定性知识的推理成为可能。①

---

① 具体内容可参见：饶浩. 利用主观贝叶斯方法进行不确定推理 [J]. 韶关学院学报（自然科学版），2004（6）：6 – 7. 以及
刘白林：《人工智能与专家系统》，西安：西安交通大学出版社，2012 年，97 – 105 页。

　　在处理不确定推理方面，除了主观贝叶斯方法之外，还有证据理论、模糊推理、粗糙推理等方法，以下简单阐述一下。

　　（1）证据理论

　　证据理论是由德普斯特（Arthur Pentland Dempster）于1967年首先提出的，1976年，由他的学生沙弗（Glenn Shafer）进一步完善和发展了；因此，证据理论也被称为Dempster-Shafer证据理论，简称D－S证据理论。证据理论的主要特点是：满足比贝叶斯概率论更弱的条件；具有直接表达"不确定"和"不知道"的能力。在概率论中，当先验概率很难获得，但是又要被迫给出时，使用证据理论可以区分"不确定"和"不知道"的差别。所以证据理论比概率论更适合处理不确定推理问题，并且已经得到了广泛的应用。在证据理论中，当先验概率已知时，证据理论就可以转变为概率论来处理。因此，概率论可以认为是证据理论的一个特例，有时也称证据理论为广义概率论。[①]

　　（2）模糊推理

　　模糊推理是基于模糊性知识而进行的一种不确定推理。模糊推理的理论基础是扎德（Lotfali Askar Zadeh）于1965年提出的模糊集合论（Fuzzy Set）以及在此基础上发展起来的模糊逻辑。模糊集合论在理论和技术方面均取得了不少成果，然而基于该理论的模糊推理方法在实践中仍然需要不断地充实和完善。[②]

　　（3）粗糙推理

　　粗糙集合论（Rough Set）起源于波兰数学家波拉克（Zdzislaw Pawlak）于1982年提出的数学分析理论，是一种新的处理不确定知识和模

---

① 刘白林：《人工智能与专家系统》，西安：西安交通大学出版社，2012年，105页。

② 可参见刘白林：《人工智能与专家系统》，西安：西安交通大学出版社，2012年，109页。以及
　　蔡自兴、[美]约翰·德尔金、龚涛：《高级专家系统：原理、设计及应用》，北京：科学出版社，2005年，52－53页。

糊性知识的数学工具；它的优势在于，无需提供除问题所需的数据集合之外的任何先验信息；其主要思想是在保持分类能力不变的条件下，通过知识约简，导出问题的决策或者分类规则。粗糙推理即是基于粗糙集合论对不确定知识进行推理的理论。目前该理论已经成功地应用于机器学习、过程控制、决策分析以及模式识别等领域。[①]

3. 计算机推理的发展与现状

目前在计算机所实现的推理类型，无论是演绎推理、归纳推理、类比推理等抽象推理，还是形象推理，以及上文所提到的不确定推理，都需要人类将推理前提和推理过程加以形式化和程序化，才得以在计算机上实现。

（1）抽象推理

计算机的演绎、归纳和类比推理的能力在不断发展之中。例如，计算机在面对一些数学定理的证明，还有四色问题的证明等等问题时，计算机的自动推理已经很好地完成了证明任务。

自动推理（Automated Reasoning），就是用计算机帮助人们进行推理。到目前为止，想要用计算机全面取代人进行推理是尚不能达到的。但是在各种不同领域、相对狭窄的范围内，逐步用计算机推理取代人的工作，却是切实可行的。例如，波兰数学家塔斯基（Alfred Tarski）在1950年证明了初等代数与初等几何的定理证明都是可以机械化的。王浩于1959年在"IBM704计算机"上仅用了9分钟的时间，就证明了罗素、怀特海所著《数学原理》（Principia Mathematica）[②]中数百余条数理逻辑定理。1976年，数学家阿佩尔（Kenneth Appel）和哈肯（Wolf-

---

① 刘白林：《人工智能与专家系统》，西安：西安交通大学出版社，2012年，117页。
② Alfred North Whitehead, Bertrand Russell. Principia Mathematica, 3 vols［M］. Cambridge University Press, 1910, 1912, and1913.

gang Haken）借助于计算机证明了"四色定理"，引起了数学界的轰动。[①] 吴文俊在几何定理机器证明中，也取得了突破性的成就。[②]

（2）形象推理

计算机形象推理能力虽然跟人比尚有差距，但是也在不断发展之中。例如，2011 年，在美国加利福尼亚州山景城中的 Google X 实验室里，研究人员从 YouTube 视频中抽取了大约一千万张的静态图片，并且导入到 Google Brain 里—— 一个由 1000 台计算机组成的像幼儿大脑一样的神经网络系统。在开启了寻找模式的三天之后，Google Brain 能够只依靠自己就能区分出某些特定的分类：人脸，身体，还有猫。[③]

目前，计算机科学和技术以及人工智能的发展非常迅速，在计算机上可实现推理的种类的范围也在不断扩展。尤其是"机器学习"（Machine Learning)[④] 的不断发展，目前，计算机已经有了初步的自主学习能力以及推理能力。

然而，就当前的技术水平而言，计算机可实现的推理种类、范围较人类相比，还有很大的差距。计算机在复杂系统推理方面，欠缺人类所具有的灵活性。而且，例如灵感、顿悟等创造性的推理方式，计算机尚不能实现。

---

① 蔡自兴、徐光祐：《人工智能及其应用》（第四版），北京：清华大学出版社，2010 年，7 页。

② 杨路. 计算机与智力：推理过程的机械化［J］. 广州大学学报（综合版）. 2001 (2)：7 – 8.

③ Nicola Jones. The Learning Machines, Using massive amounts of data to recognize photos and speech, deep – learning computers are taking a big step towards true artificial intelligence［J］. Nature, 2014 – 2 – 9（505）：146.

④ "机器"指的是计算机，"机器学习"是一门研究机器获取新知识和新技能，并识别现有知识的学问。机器学习发展十分迅速，目前已经有了十分广泛的应用，例如广泛应用在数据挖掘、自然语言处理、计算机视觉、生物特征识别、搜索引擎、医学诊断、语音和手写识别和智能机器人等方面。

四、两种推理方式的比较

1. 人脑与计算机的异同

首先，人脑与计算机的工作原理大致相同：人脑通过感官系统获取信息，然后存储与加工信息，再通过身体产生反应信息。计算机通过输入设备获取信息，然后存储与加工信息，再通过输出设备输出信息。①

然而，人脑和计算机在结构、工作机制和所实现的功能上也有着诸多不同。人脑中包含数百亿乃至数千亿的神经元，每一个神经元独立工作，可以处理大量信息，即人脑是采用并行方式工作的。而且人脑处理信息不是按照特定的程序进行的，而是依靠神经元之间的结构来进行的。人脑中，每个神经元有约10000条通路与其他神经元相连接，形成了一个非常复杂的网络，可以处理各种各样非常复杂的信息。② 而计算机则不同，冯·诺依曼结构计算机是采用串行方式工作的，必须依照规定的程序顺序运行，这就不可避免遇到"冯·诺依曼"瓶颈的问题。另一方面，冯·诺依曼计算机结构简单，在遇到一些复杂系统的时候就显得无能为力了。

同时，人脑的结构、工作机理和实现的功能非常非常复杂，虽然人类对大脑的研究已经进行了不懈的努力，而且现在也在不断地增加研究资源的投入，例如美国政府就计划出台一项探索人类大脑工作机制、绘制脑活动全图的研究计划。③ 但是直到目前为止，人类对大脑的结构、工作机制和功能也没有完全研究清楚。

---

① 杨国为：《人工脑信息处理模型及其应用》，北京：科学出版社，2011年，15页。
② 杨国为：《人工脑信息处理模型及其应用》，北京：科学出版社，2011年，2页。
③ 本报讯. 奥巴马政府即将推出"人脑计划"［N］. 现代快报，2013－2－20（A6）.

对照之下，尽管现代计算机发展也非常迅速，还出现了很多新型的计算机，例如光子计算机、量子计算机、生物计算机等等。但是由于人脑的结构、工作机制和功能的研究没有完全清楚，那么用计算机来完全模拟人脑、完全实现甚至完全超过人脑的机理和功能目前看来似乎也是比较遥远的事情。然而这并不代表者计算机相比于人脑而言就没有任何优势，实际上，人和计算机在信息处理和推理机能方面各有优缺点。

2. 人和计算机优缺点的比较：

（1）信息的输入方面

视觉感受上，人眼的成像分辨率很高，但人眼视野狭小，且只能感受可见光部分。而计算机的视觉感应设备的分辨率非常之高，而且可以对远至数十亿光年之外的星系，近至物体的原子内部，可见光、非可见光等都可以感应的到，感应范围非常广泛。

在听觉感受上，人耳对声音的物理特征不太敏感，而对其社会特征十分敏感，例如对音乐的感受，话语的感受等。计算机对声音的物理特征，如频率，振幅，相位等十分敏感，但对声音的社会特征感觉迟钝。

在触觉、嗅觉、味觉方面，人的感受性非常敏感，而计算机远远比不上人脑，目前还停留在物理和化学探测水平之上。

（2）信息的加工和存储方面

首先，人脑的计算能力比较弱，精度也不是很高，经常容易犯错误。而计算机的计算功能和信息处理能力目前达到了非常高的水平，在大量的、重复的计算能力、精确度和速度方面超过了人脑，而且还在不断地高速发展和完善之中。因此广泛应用于一些规律性或者精度要求很高的领域，例如运算、统计、控制、制图、设计等领域。

其次，人对于抽象推理、形象推理都很擅长，对于语言的应用也非常灵活。计算机对图形的区分、语言语音的翻译等方面还有诸多困难。

在自我学习与推理方面跟人相比还有很大差距。

最后，人脑的记忆存储能力非常强大，想象与联想能力也很突出。计算机的存储能力在不断扩展，然而在信息的优化组合以及关联存储能力跟人脑相比还有很大差距，这也是计算机的发展目标之一。

（3）信息的输出方面

计算机可以使用文字、图像、声音、视频等多种方式来实现输出。而人的表达方式则更加多种多样，例如语言、文字、表情、肢体动作等等。在其他一些方面，人还具有情感、意志以及人的社会性等多种表现形式，而这目前是计算机所不具备的。①

（4）信息处理的可靠性与效率方面

人的可靠性较差，特别是在疲劳时出错率大为增加；而计算机的可靠性很高。并且人的计算速度、精度比计算机也要低得多。②

总而言之，人与计算机在推理方面各有优缺点。计算机的优势在于强大的计算能力、演绎推理能力，归纳推理、类比推理、形象推理的能力在不断完善中。人则具备计算机所欠缺的灵活性、创造性等等。人与计算机相互协同，共同处理各种复杂的问题，应当说是一条可行乃至必由之路。

五、人机协同系统的实现条件

由于人类面对的问题越来越多，也越来越复杂，仅靠人类自身的力量难以解决。计算机自发明之日起，就成为了协助人类工作的优秀工具。特别是涉及一些计算和推理问题时，计算机有着人类难以比拟的速

---

① 杨国为：《人工脑信息处理模型及其应用》，北京：科学出版社，2011 年，16 页。
② 陈杏圆、王焜洁：《人工智慧》，台北：高立图书有限公司，2007 年，69 页。

度和精度。但是与此同时，计算机与人类相比也有一些缺陷，尚不能完全模拟人类的智能，缺乏灵活性与创造性，尚不能完全代替人进行工作。

人和计算机相互协同，各自发挥自身的推理长处，组成人机协同系统，目的是更好更快地实现一系列问题的解决。

在人机协同系统中，计算机通常可以负责：

（1）大量的、可以自动运行的数据收集、处理与输出；

（2）高速度、高精度的计算与推理；

（3）其他可以在计算机上完成的工作。

而人类通常可以负责：

（1）控制或者改变计算机的输入，并将问题形式化、数据化从而可以被计算机所处理；

（2）对计算机输出的结果进行再次加工；

（3）一些复杂的问题、不能或者不易被形式化、数据化的问题由人类来进行处理；例如，在计算机上不同的算法得出的结果可能不同，这就需要人类综合考虑各方因素，进行评估与决策，从所有的结果中选择出最优解；

（4）其他一些计算机不能处理的工作。

人类与计算机合理分工，共同协作，可以更好、更有效地处理各种复杂的问题；人机协同系统因此成为必要与可能。

六、人机协同系统的结构特征与推理机制

1. 人机协同系统的结构

人机协同系统的组成简单来说可以分为三大部分：

人；人机交互接口①；计算机

其结构如下图所示：

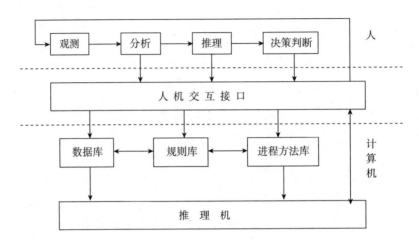

图 3－3　人机协同系统的基本结构②

（1）人

人通过观测得到的数据，通过分析、推理和判断得到的结果，经过人机交互接口传输给计算机。对计算机输出的结果进行再次加工，例如进行结果的评估与决策。

（2）人机交互接口

即人与计算机进行信息交互的接口界面。人机交互接口应当尽可能提供全面、透彻、灵活的直观信息；人与计算机可以通过计算机语言、自然语言以及图形等方式进行对话。

（3）计算机

计算机可以分为数据库、规则库、进程方法库以及推理机。数据库

---

① 通常来说，人机交互接口是可以在计算机上实现的；本书为了便于功能划分，故将其独立出来。

② 陈杏圆、王焜洁：《人工智慧》，台北：高立图书有限公司，2007 年，72 页。

是概念、事实、状态以及假设、证据、目标等的集合。规则库是规则、指示等因果关系或函数关系的集合。进程方法库是问题分解、评价、搜索、匹配和文件链接等过程和步骤的集合。推理机则主要用来实现推理功能。计算机中，关于数据和知识的存储应当保证安全可靠，不受扰动和破坏。[①]

2. 人机协同系统的推理机制

人机协同系统的推理过程可以分为以下步骤：

（1）人把观测到的数据，经过分析、推理和判断之后的结果通过人机交互接口输入计算机。

（2）计算机通过数据库、规则库、进程方法库，对输入的结果进行分析、搜索、匹配和评价，并传输给推理机进行数据推理，推理机再把推理的结果反馈给人。

（3）人机协同推理：如果有些算法或者模型已知时，通过人机交互接口确定某些参数，选择某些多目标决策的满意解。[②]

（4）如果算法或者模型未知，则基于人自身经验，对结果进行评价和选择，实现最终的推理与决策。

在人机协同系统中，如何使得人与计算机充分发挥各自的优越性？即人与计算机的工作任务如何分配？人与计算机的工作任务应当按照以下的原则进行：

$$\min_{\beta_i^h} \sum_{i=1}^{n} \beta_i^h E_i^h = A - \max_{\beta_i^c} \sum_{i=1}^{n} \beta_i^c E_i^c$$

其中，A、E_i^h 和 E_i^c 分别为任务的总工作量、人担负的工作量和计算机担负的工作量，$i = 1, 2, \cdots\cdots, n$ 是任务序号。β_i^c 和 β_i^h 分别定义为：

[①] 陈杏圆、王焜洁：《人工智慧》，台北：高立图书有限公司，2007 年，72–73 页。
[②] 陈杏圆、王焜洁：《人工智慧》，台北：高立图书有限公司，2007 年，71 页。

$$\beta_i^c = \begin{cases} 1, & \text{计算机执行任务时} \\ 0, & \text{其他} \end{cases} \qquad \beta_i^h = \begin{cases} 1, & \text{人执行任务时} \\ 0, & \text{其他} \end{cases}$$

为了实现这一原则，可以将全部任务分为三类：可编程任务、部分可编程任务、不可编程任务；可编程任务交由计算机处理（即 E_i^c），部分可编程任务通过人机交互接口由人机协同处理，不可编程任务则由人来完成（即 E_i^h）。①

人机协同系统首先可以发挥计算机计算速度快，存储量大，信息处理能力强的特点。其次，计算机的知识库具有很大的灵活性；可以随时删除、更新和修改知识库。最后，由于采用了人机交互接口，可以使人与计算机更为高效地交换信息。②

从以上的阐述和分析中可以看出，就基于目前的计算机所实现的功能（E_i^c）而言，其真正能够实现并放大的通常是计算和推理的能力，特别是基于规则的计算和推理部分。对于人（E_i^h）而言，如果在实际的认知任务中，如果能够从具体的计算、推理和可形式化的评判的重负中解脱出来，就能够在创造性思维中投入更多的精力。这样，人机协同系统可以使人与计算机充分发挥出各自的优越性，从而共同完成更为复杂、更为困难的工作。③

这里，一个更具科学、技术乃至哲学意义的问题是：在人类运用人机协同系统去解决面临的各种问题时，是否能够通过建构越来越具有更多学习和推理能力的人工智能系统，从而不断地将人的推理能力向人工系统迁移，产生出更为自主的认知系统呢？从目前人工智能发展的状况和趋势看，答案无疑是肯定的。实际上，我们可以看到，近年来人工智能的发展过程恰好显现出这样一种迁移：从开始只是人工智能系统帮助

---

① 陈杏圆、王焜洁：《人工智慧》，台北：高立图书有限公司，2007 年，71 页。
② 陈杏圆、王焜洁：《人工智慧》，台北：高立图书有限公司，2007 年，70 – 71 页。
③ 陈杏圆、王焜洁：《人工智慧》，台北：高立图书有限公司，2007 年，70 – 71 页。

人进行辅助性的计算、推理和决策，到人工智能系统本身具有越来越多的自主学习和推理能力，甚至一些系统已经具备了原本只有人的推理子系统 1 才具有的直觉能力。这样一种迁移表明——人机协同系统的推理机制实际上是一个动态迁移过程。

这里，一个更具科学、技术乃至哲学意义的问题是：在人类运用人机协同系统去解决面临的各种问题时，是否能够通过建构越来越具有更多学习和推理能力的人工智能系统，从而不断地将人的推理能力向人工系统迁移，产生出更为自主的认知系统呢？（即能否实现由 E_i^c 到 E_i^c 的不断迁移？）从目前人工智能发展的状况和趋势看，答案无疑是肯定的。实际上，我们可以看到，近年来人工智能的发展过程恰好显现出这样一种迁移：从开始只是人工智能系统帮助人进行辅助性的计算、推理和决策，到人工智能系统本身具有越来越多的自主学习和推理能力，甚至一些系统已经具备了原本只有人类才具有的直觉能力。这表明，人机协同系统的推理机制实际上是一个动态迁移过程——即人的推理能力和智能水平不断向人工智能系统动态迁移的过程。①

为了更好地理解这种推理机制及其动态迁移过程，我们将在下一章中用案例分析的方式来较详细地阐述。

---

① 刘步青. 人机协同系统中的智能迁移：以 AlphaGo 为例 [J]. 科学·经济·社会，2017（2）：75.

第四章

人机协同系统推理机制的实例分析

——以"沃森医生"与"AlphaGo"为例

人类文明发展到现今阶段，已经存在的和正在生成的知识多如汪洋大海，当今社会正处于"大数据"（Big Data）时代；而人的学习时间、记忆能力、工作精力都十分有限，这就严重制约了人类对知识的理解和利用，造成巨大的浪费和不必要的损失。而计算机在信息处理与知识加工方面无疑有着很大的优势，例如处理速度快，响应时间短，计算和推理精确度高，等等。同时，由于人在生产生活中又是活跃的和具有巨大灵活性的因素，能处理计算机无法处理的各种信息以及突发性事件。因此，在现实中，面对的复杂与繁琐的问题，可以通过人和计算机共同协作，即通过"人机协同"的方式来解决问题。

人机协同系统实现的关键就在于人和计算机的合理分工和密切协作。在人机协同系统中，人与计算机发挥各自的特长，实现人与计算机的完美结合，从而使人机协同系统发挥最佳的效益。① 在实际应用上看，这种人机协同系统构成了专家系统的核心。

在本章的第一节中，笔者将着重以专家系统作为范例，来较为具体地分析人机协同系统的推理机制。第二节则以"沃森医生"为例，阐

---

① 吉鸿涛，方跃法，房海蓉. 人与人机一体化系统［J］. 机械工程师，2001（12）：2.

述专家系统在医疗辅助诊断领域的最新进展。第三节则以震惊世界的
"AlphaGo"为例，具体阐述"AlphaGo"围棋对弈专家系统的算法与推
理机制。第四节将就"沃森医生"与"AlphaGo"的算法与推理机制进
行比较，表明人机协同系统在短短的数年时间里已经取得了长足的进
展，尤其是机器学习的能力更是令人叹为观止，而就实质来说，正是体
现了人的推理能力和智能水平不断向人工智能系统动态迁移的过程。

一、人机协同系统的范例——专家系统

在所有的人机协同系统中，专家系统是其中非常重要，也非常典型
的系统。本节以专家系统为例来具体阐释人机协同推理系统的运行
机制。

1. 专家系统的定义

所谓专家，指的是在某一专业领域内专业知识与解决问题的能力达
到很高水平的学者，[1] 他们具有丰富的专业知识、实践经验和理论技
术，具有独特的思维方式、独特的分析问题和解决问题的能力。[2] 而关
于专家系统（Expert System），目前并没有统一的、精确的、公认的定
义。通常认为，专家系统是一种模拟人类专家解决专业领域问题的计算
机程序系统。[3]

由于专家系统是基于知识和推理的系统，那么，建造专家系统就涉

---

① 刘白林：《人工智能与专家系统》，西安：西安交通大学出版社，2012 年，176 页。
② 敖志刚：《人工智能及专家系统》，北京：机械工业出版社，2010 年，164 页。
③ 蔡自兴、［美］约翰·德尔金、龚涛：《高级专家系统：原理、设计及应用》，北京：
　　科学出版社，2005 年，2 页。

及知识获取（从人类专家那里获取或者从实际问题那里搜集、整理和归纳专家知识）、知识的组织与管理、知识库的建立与维护、知识的利用，等等，① 而这一切，都需要人的参与。人与计算机相互协同，共同组成一个人机协同系统。

1968 年，费根鲍姆领导的研究小组研制成功了世界上第一个专家系统 DENDRAL，用于分析有机化合物的分子结构。经过多年的研究，专家系统已经在医疗诊断、天气预报、化学工程、金融决策、地质勘探、语音识别、图像处理等领域取得了巨大的成功，并产生了巨大的经济效益和社会影响，同时也在不断向人们提出新的研究课题，例如不确定推理、模糊推理、粗糙推理以及并行推理机制等。②

2. 专家系统的发展历史

根据专家系统的发展历史，一般可以把专家系统划分为三代：

（1）第一代专家系统

第一代专家系统的典型例子有化学专家系统 DENDRAL、数学专家系统 MACSYMA 等。DENDRAL 系统是由费根鲍姆领导的研究小组于1965 年开始研制的，到 1968 年基本完成，用于分析化学分子的结构。DENDRAL 的问世，标志着专家系统的诞生。MACSYMA 系统从 1965 年开始研制，到 1971 年时正式投入应用。它能够求解多种数学问题，包括：微积分运算、微分方程求解、级数展开、矩阵运算，等等，是一种人机交互的专家系统。

（2）第二代专家系统

第二代专家系统的典型例子有：地质探矿专家系统 PROSPECTOR、数学发现专家系统 AM 等等。PROSPECTOR 系统从 1976 年开始研制，

---

① 敖志刚：《人工智能及专家系统》，北京：机械工业出版社，2010 年，164 页。
② 刘白林：《人工智能与专家系统》，西安：西安交通大学出版社，2012 年，176 页。

于 1981 年基本完成。该系统拥有关于 15 种矿藏的知识，并且成功地应用于钼矿的勘探。其显著特点是很好地协调了多名专家关于多种矿藏的知识模型。AM 系统于 1976 年研制成功，能够进行抽象、概括和演绎推理、归纳推理，能够发现某些数论的概念和定理。

（3）第三代专家系统

第三代专家系统的典型代表有：多学科综合性专家系统 HPP′ – 80、骨架型专家系统 EMYCIN 等。HPP′ – 80 系统是具有大型知识库的多学科综合性专家系统。包括两大部分：

①多学科应用专家系统：如化学、分子遗传学、蛋白质分析、结构力学、集成电路设计、计算机故障诊断、辅助教学、医学诊断等各学科所集成的专家系统。

②知识工程工具：用于建立应用专家系统的辅助工具，即专家系统的开发工具，如骨架专家系统 EMYCIN 等。①

3. 专家系统的分类

根据专家系统应用领域和用途的区分，可以将专家系统分为解释型、预测型、诊断型、设计型、规划型、监视型、控制型、调试型、教学型、修理型等类型。此外，还有决策专家系统和和咨询专家系统等。②

4. 专家系统的基本结构以及实现的功能

一般的专家系统主要由以下六个部分组成：人机交互接口、推理

---

①　敖志刚：《人工智能及专家系统》，北京：机械工业出版社，2010 年，166 页。

②　参考自：蔡自兴、[美] 约翰·德尔金、龚涛：《高级专家系统：原理、设计及应用》，北京：科学出版社，2005 年，9 – 12 页。以及刘白林：《人工智能与专家系统》，西安：西安交通大学出版社，2012 年，176 – 179 页。

机、知识库、数据库、知识获取机构、解释机构，如下图所示，其中箭头方向为信息传输的方向。

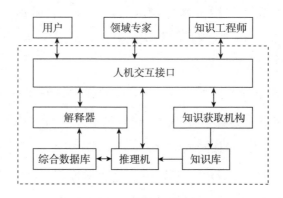

图 4 - 1　专家系统的基本结构①

（1）知识库

知识库主要用于存储某领域专家系统的专门知识，以及操作的规则等等。

（2）数据库

数据库主要用于存储问题的初始数据以及推理过程中得到的中间数据。

（3）推理机

推理机是专家系统的核心组成部分，其主要任务在于模拟领域专家的思维过程，来实现对问题的求解。

（4）解释器

能够对专家系统的行为作出解释，来回答用户提出的"结论是如何得出的"等问题。

---

① 刘白林：《人工智能与专家系统》，西安：西安交通大学出版社，2012 年，180 页。

（5）人机交互接口

人机交互接口是专家系统与领域专家、知识工程师以及一般用户进行人机交互的界面。

（6）知识获取机构

知识获取机构是设计和建造专家系统的关键。知识获取机构的任务是为专家系统获取知识，建立起健全、完善、有效的知识库，以满足求解领域问题的需要。知识获取可以采取人工获取的方式，也可以采用半自动获取或自动获取方法。① 关于知识获取的相关哲学问题，本书将在第六章中进行详细论述。

5. 新型专家系统

专家系统在不断发展之中，可以实现以上所提到的解释、预测、诊断等功能外，其应用范围也在不断扩大。此外，各种新型的专家系统也在不断地发展之中。对新型的专家系统，通常有以下要求：

（1）并行与分布处理

前文已经提到，当前所使用的计算机普遍采用的是"冯·诺依曼结构"，而凡是采用"冯·诺依曼结构"的计算机就不可避免地遇到"冯·诺依曼瓶颈"的问题。所以新型的专家系统试图基于各种并行算法，采用各种并行推理和执行技术，并适合在多处理器的硬件环境中工作，即具有分布处理的功能。②

（2）多专家系统协同工作

为了拓广专家系统应用的领域，或者使一些相互关联的领域能够只

---

① 可参见刘白林：《人工智能与专家系统》，西安：西安交通大学出版社，2012 年，179－182 页。以及：智能科学与人工智能．专家系统［EB/OL］．http：//www. intsci. ac. cn/ai/es. html. 2015－3－19.

② 蔡自兴、［美］约翰·德尔金、龚涛：《高级专家系统：原理、设计及应用》，北京：科学出版社，2005 年，324－325 页。

需要用一个专家系统来解题，人们提出了"协同式专家系统"的概念。在这种专家系统中，有多个专家系统协同合作。各个子专家系统间可以互相通信，有些子专家系统的输出还可以作为反馈信息输入到自身或其父系统中去，经过迭代计算求得某种"稳定"状态。多专家系统的协同合作也可以实现在分布的环境中，从而通过多个子专家系统协同工作扩大整体专家系统的解题能力。①

（3）具有自学习功能

知识获取被称为开发专家系统乃至所有智能系统的"瓶颈"问题。因为很多人类专家的经验和知识"只能意会，不能言传"，更难以将其形式化来输入计算机。同时，建立和更新专家系统的知识库，大多需要知识工程师不断地进行手工输入和修改，这也是一项非常复杂、非常繁琐的工作。② 所以，新型专家系统应提供高级的知识获取与学习功能，应提供合理的知识获取工具，从而对知识获取这个"瓶颈"问题有所突破。③

（4）具有自纠错和自完善能力

专家系统为了排错，首先必须要有识别错误的能力；为了完善功能，首先就必须要有鉴别优劣的标准。有了这种功能以及上述的自学习功能后，专家系统就会随着时间的推移，通过反复的运行不断地修正错误，不断地完善自身，从而使知识库越来越丰富。④

在以上关于新型专家系统的论述中可以看到，在现实世界中，面对

---

① 蔡自兴、［美］约翰·德尔金、龚涛：《高级专家系统：原理、设计及应用》，北京：科学出版社，2005 年，324 – 325 页。

② 蔡自兴、［美］约翰·德尔金、龚涛：《高级专家系统：原理、设计及应用》，北京：科学出版社，2005 年，320 – 321 页。

③ 蔡自兴、［美］约翰·德尔金、龚涛：《高级专家系统：原理、设计及应用》，北京：科学出版社，2005 年，325 页。

④ 参见敖志刚：《人工智能及专家系统》，北京：机械工业出版社，2010 年，167 – 168 页。以及：蔡自兴、［美］约翰·德尔金、龚涛：《高级专家系统：原理、设计及应用》，北京：科学出版社，2005 年，325 – 326 页。

各种复杂问题，需要多个不同领域内的专家通力合作，解决难题；同时，在计算机上，也可以实现多种专家系统的相互协作，来应对各种困难问题。可以预见，人和计算机相互协作，组成的人机协同系统，将会发挥出人和计算机各自的优势，更为迅速和有效地解决多种复杂的难题。

二、实例分析 I："沃森医生"
——"肿瘤专家顾问"专家系统

1. "沃森"简介

"沃森"① 是由 IBM 公司的首席研究员费鲁奇（David Ferrucci）所领导的"DeepQA 计划小组"② 于 2007 年开始研发的一个人工智能系统，以 IBM 创始人托马斯·沃森（Thomas John Watson）的姓命名。沃森是一个智能认知系统，可以通过"理解自然语言，基于证据生成假说，自我学习"等方式处理信息。③

硬件方面，沃森是由 90 台 IBM Power 750 服务器（还包括 10 个机柜里额外的输入输出端口、网络和集群控制器节点）组成的集群服务器，共计 2880 颗 POWER7 处理器核心以及 16TB 内存。POWER7 处理器是当前 RISC④ 架构中最强的处理器。它采用 45nm 工艺打造，每个处

---

① 关于"沃森"的具体细节可参加 IBM 公司"沃森"的主页：http：//www. ibm. com/smarterplanet/us/en/ibmwatson

② "DeepQA"是"Deep Question Answering"的缩写，意即"深度问答"。可参见 David Ferrucci, Eric Brown, Jennifer Chu-Carroll……Building Watson：An Overview of the DeepQA Project ［J］. AI MAGAZINE, 2010, (3)：50－79.

③ 可参见：http：//www. ibm. com/smarterplanet/us/en/ibmwatson/what－is－watson. html

④ RISC，英文全称是 Reduced Instruction Set Computer，中文是精简指令集计算机。

理器拥有 8 个核心，32 个线程，主频最高可达 4.1GHz，其二级缓存更是达到了 32MB。沃森的硬件配置可以使它每秒处理 500GB 的数据。

软件方面，沃森使用 Linux 操作系统，采用的是 Apache Hadoop、Apache UIMA①框架；沃森的软件由 Java 语言和 C + +语言写成的，使用 IBM 开发的 DeepQA 软件以及其他各种应用软件。沃森使用了 100 多项不同的技术和算法，包括上文提到的主观贝叶斯方法、证据理论、模糊推理、粗糙推理等方法，用来分析自然语言、识别来源、寻找并生成假设、挖掘证据以及合并或者推翻假设。②

目前，沃森最为著名的成就是，2011 年 2 月 16 日，在美国广受欢迎的电视智力竞赛节目《危险边缘》③ 中击败了该节目历史上两位最成功的选手肯·詹宁斯（Ken Jennings）和布拉德·鲁特（Brad Rutter），成为《危险边缘》节目新的冠军，并赢得了 100 万美元的奖金。这是该节目有史以来第一次人与计算机的对决，并因为计算机的胜出而广为人知。④

2. "沃森"的工作机制

以下以沃森参加《危险边缘》为例，阐述沃森的核心——"Deep-QA"系统的推理机制。

---

① UIMA 是 Unstructured Information Management Architecture 的简写。Apache Hadoop 和 Apache UIMA 是 Web 服务器端软件之一，可以运行在几乎所有的计算机平台上，并且具有相当的安全性，所以被非常广泛地使用。

② IBM Systems and Technology. Watson － A System Designed for Answers ［EB/OL］. ftp：//public. dhe. ibm. com/common/ssi/ecm/en/pow03061usen/POW03061USEN. PDF，2011 － 02.

③ 《危险边缘》（Jeopardy!）是于 1964 年创建的美国电视智力竞赛节目，节目涵盖了语言、文学、历史、艺术、科技、地理等多方面内容。

④ 祝魏玮，杨洋. 人机大战机器夺冠——"沃森"技术有望用于医疗 ［N］. 科学时报，2011 － 02 － 24：A4.

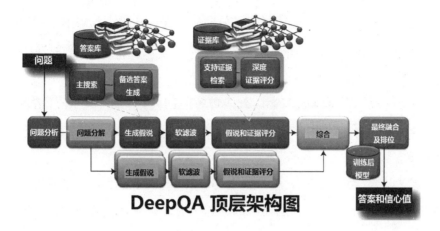

图 4-2 DeepQA 顶层架构图①

DeepQA 系统是沃森的核心。DeepQA 的推理机制如下：

（1）准备工作：建立知识库

想要用 DeepQA 系统来回答《危险边缘》里的问题，需要预先搜集各个领域的材料。研究小组会分析一些模拟问题，并基于这些问题来指定沃森的知识库需要覆盖的基本范围，形成一个包含了各种字典、百科全书、文学、历史、艺术、科技、新闻等内容的知识库的基本包。然后 DeepQA 会运用以下方法自动生成一个知识库的扩展包，分为四个步骤：

①依据知识库基本包中的某个"基本书档"，从网上取得可能的相关文档资料；

②摘录相关文档资料中出现的知识点；

③根据这些知识点所覆盖到的新信息来给知识点打分；

④将新信息中详细的知识点加入知识库的扩展包中。

---

① DeepQA 顶层架构图由 Azureviolin 制作，在此注明。可参见：Azureviolin. Watson 之心：DeepQA 近距离观察［EB/OL］. http：//azureviolin. com/? p = 116，2011 - 03 - 07.

在比赛中，沃森将断开网络，只能使用保存在内存和硬盘中的知识库的基本包＋扩展包作为自己的知识储备。

（2）问题分析

在这一环节，DeepQA 尝试去"理解"问题，试图"理解"清楚问题到底在问什么；同时做一些初步的分析来决定选择哪种方法来应对这个问题。

①问题分类：面对一个问题时，DeepQA 首先会分析问题语句的主语、谓语、宾语等结构，进而提取问题中需要特殊处理的部分：包括一词多义、从句的语法、语义、修辞等可能为后续步骤提供信息的内容。然后 DeepQA 会判断问题的类型。问题可能属于解谜题、数学题、定义题等不同的类型，而每种类型都需要各自的应对方法。DeepQA 在这一步还会识别出双关语、限制性成分、定义性成分，甚至有时能识别出解决问题所需的整个子线索。

②定型词（LAT）：有些题目中的关键词能让 DeepQA 在没有进行语义分析时就判断出答案的类型。这类关键字称为定型词（Lexical Answer Type，简称 LAT）。判断某一个备选答案是否对应一个定型词是重要的评分方法。DeepQA 系统的一大优势就是可以利用各种相互独立的不同的分类算法①，其中大部分的算法都依赖于自己的分类系统。DeepQA 研究小组发现，最好的方法不是将他们整合到同一个分类系统中，而是将定型词映射到各自不同的分类系统中，即在不同的分类系统中使用不同的算法。

③问题分解：DeepQA 使用"基于规则的深度语法分析"算法来确定一个问题是否应该被分解，以及运用"统计分类"的算法来明确问题应当怎样被分解。这种分解的基本假设和遵循的原则是：在考虑了所

---

① DeepQA 融合了多种不同的算法，例如语法分析、语义分析、统计分类、以及快速搜索等算法。

有证据和相关算法之后，最优的分解所得的答案将会在评分环节占据优势。虽然有些问题并不需要分解就能形成答案，但是这种方法仍然会提高 DeepQA 对于所得答案的信心指数——也就是正确的可能性。对于可以并行分解的问题，DeepQA 会对分解后的每一个子问题做一套完整的备选答案生成流程，然后使用"专用的答案合成模块"来综合形成最终的备选答案。DeepQA 也支持那些分解后的子分支呈网状交织的问题。对于这类问题，DeepQA 会对线索网中的每一条线索进行一次完整的备选答案生成流程，然后使用专用的算法来合成最终的备选答案。为某些特定问题开发的专用的合成算法可以作为插件轻松地加入到整个"专用的答案合成模块"的公共框架中。

（3）生成假说

使用问题分析和问题分解的结果，DeepQA 可以从知识库中寻找那些接近答案所需长度的知识片段，产生备选答案。当每个备选答案填入题目中的空缺处后就成为了一种假说，而 DeepQA 则需要怀有不同程度的信心指数来证明这种假说的正确性。对于在"生成假说"中进行的搜索，称之为"主搜索"，以区别后面将会提到的在"证据搜集"中的搜索。

①主搜索：主搜索的目标是依赖问题分析和问题分解的结果，寻找出尽可能多的、有可能包含了答案的内容。期望能通过深入的内容分析来得到备选答案，并且在各种或支持、或反对的证据的帮助下，提高备选答案的精确性。因此，DeepQA 研究小组设计了一个平衡准确度和速度的系统。通过不断调整这个系统，研究小组能够得出那个在准确性和可计算资源之间取得最佳平衡的备选答案的数量。

②备选答案生成：这一步会进一步处理主搜索的结果。对于拥有一个精确的标题的资料，这个标题本身将作为备选答案。DeepQA 还会通过字符串分析和链接分析（如果有链接的话）来生成一些基于这个标

题的变种备选答案。

（4）软滤波

在备选答案的数量与备选答案准确度的平衡中，一个关键步骤是进行初步量化评分的算法。这个算法会将数目庞大的初始备选答案缩减到一个合理的数量，然后才交给深度评分算法，这一步称为"软滤波"。

（5）假设及证据评分

通过了软滤波考验的备选答案将会经历一段非常严格的评估过程，包括收集额外的支持证据以及应用各种不同的深度评分算法来评估这些支持证据。

①证据检索：在证据检索中，一个极其有效的方法是，检索备选答案在主搜索中被发现时所在的段落——这将有助于找到原始问题的上下文。检索到的证据将进入"深度证据评分模块"，这个模块用来将备选答案放入支持证据的背景下进行评估。

②评分：大量的深度内容分析是在评分阶段实施的。评分算法会决定检索到的证据对备选答案的支持程度。DeepQA 的架构支持并鼓励采用大量不同的评分算法，以便全面考察证据的不同方面：针对一个给定的问题，给出这个证据对备选答案到底有多大的支持程度。DeepQA 会将这些证据评分，以找出问题和备选答案之间的相关性。①

（6）最终融合及排位

最终融合及排位的目的是基于当前的证据和评分，从数十数百种备选答案中找到一个最优解，并计算对它的信心指数。

（7）答案融合

一个问题的不同备选答案可能形式各异，但含义相同。沃森可以识别等价或者相关的备选答案，例如"孙悟空"和"齐天大圣"，"长

---

① Ferrucci D. A. Introduction to "This is Watson" ［J］. IBM Journal of Research and Devel-
opment. 2012，1（54）：1－15.

江"和"扬子江",并通过"共指消解"① 将等价或者相关的备选答案相互合并来得到最终融合分数。

（8）排名和信心指数计算

在答案融合之后，DeepQA 系统必须给备选答案排名，并且根据答案融合后的分数来计算信心指数。在这里，DeepQA 系统使用了机器学习的方法：工程师们先准备一套已知正确答案的问题，让 DeepQA 来尝试给出对应的备选答案，并将备选答案中的正确答案赋予最高的评分，从而逐步训练出一个最终的评分模型。② 在沃森经历了所有计算和排名之后，如果排名第一的备选答案信心指数超过 50%，沃森将确定该备选答案为最终答案，并将最终答案以及信心指数展示出来。

沃森的 DeepQA 系统有别于经典的人工智能技术，因为沃森使用的方法基于日常语言的模式，而不是依赖于由固定关系支配控制的词汇规则。实际上沃森处理问题的能力比经典的人工智能系统更加精确。③

从《危险边缘》的最终结果来看，沃森回答问题的正确性是非常之高的，并且成功击败了两位非常强劲的人类对手，获得了最终的冠军。在此之后，沃森以及 DeepQA 系统处理问题的效率和准确性无疑得到了广泛的认同。

3. 沃森医生——"肿瘤专家顾问"专家系统

2013 年 10 月 18 日，"沃森医生"在美国德克萨斯大学 M. D. 安德

---

① "共指消解"指的是对针对不同描述的同一实体进行合并的操作。

② 可参见：Azureviolin. Watson 之心：DeepQA 近距离观察［EB/OL］. http://azureviolin. com/？p＝116，2011－03－07.

③ Rob High, Jho Low. Expert Cancer Care May Soon Be Everywhere, Thanks to Watson ［EB/OL］. http://blogs. scientificamerican. com/mind－guest－blog/2014/10/20/expert－cancer－care－may－soon－be－everywhere－thanks－to－watson，2014－10－20.

森癌症中心①正式投入应用。该中心与 IBM 联合开发出一款用于诊断和治疗癌症的专家系统，命名为"肿瘤专家顾问"（Oncology Expert Advisor，简称 OEA）。"肿瘤专家顾问"的核心正是沃森，沃森从病人病例和丰富的研究资料库中寻找资料，为临床医生提供有价值的见解，从而帮助医护人员找到最有效的治疗方案。②

　　"肿瘤专家顾问"目前已经在处理白血病、乳腺癌、肺癌等领域取得了一定的效果。"沃森医生"——"肿瘤专家顾问"的诊断过程如下：

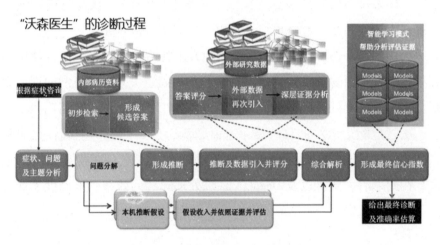

图 4 - 3　"沃森医生"的诊断过程③

　　沃森的"肿瘤专家顾问"，与《危险边缘》中一样，同样采用的是 DeepQA 框架结构。"肿瘤专家顾问"专家系统的诊断过程与《危险边

---

① M. D. 安德森癌症中心是一家权威的肿瘤专科医院，在癌症治疗和科研领域中多年排名全美第一，也是全球公认的最好的肿瘤医院。

② MD Anderson News Release. MD Anderson Taps IBM Watson to Power "Moon Shots" Mission［EB/OL］. http：//www. mdanderson. org/newsroom/news - releases/2013/ibm - watson - to - power - moon - shots -. html，2013 - 10 - 18.

③ 蒋蓉. 全美第一肿瘤医院"电脑医生"开始坐诊［EB/OL］. http：//zl. 39. net/66/141112/4516057. html，2014 - 11 - 12.

缘》答题过程类似。

（1）建立知识库

在此过程中的第一步，沃森会摄取一系列文献——例如关于乳腺癌治疗的公开发表的文献，作为给定领域的基础信息来源——即建立知识库。这些文献可以是各种不同的数字编码格式，包括 HTML，Microsoft Word 或者 PDF 格式，然后沃森会进一步验证这些文献的相关性和正确性，并且会剔除任何可能会产生误导或者不正确的内容。例如，一个受人尊敬的研究员对乳腺癌的临床报告对于评估手术具有相当大的参考价值——除非这是一篇发表在 1870 年《英国医学杂志》上的文章，并指出乳房切除手术是最好的选择。① 在这一步，沃森的工作就是要选择出合适的文章，并放入到自己的数据库中。

（2）基于症状的问题分析

在这一环节，沃森会基于病人的症状进行问题分析、分类和分解，并根据病人的症状——例如"痰液中有血丝"对知识库进行初步检索，包括对相关的医学文献以及相关的病历内容进行检索，并形成候选答案。

（3）形成推断

沃森会基于不同的候选答案排列出不同的推断，沃森需要怀有不同程度的信心指数来证明这种推断的正确性。

（4）推断及数据引入和评分

在这一阶段，沃森将会对不同的推断进行再次的数据引入，例如需要病人或者医生提供更为详细的关于症状的说明，以及关于症状的发生、发展及其变化的经过；同时提供病人的既往史——即病人本次发病

---

① 这篇关于乳腺癌治疗的文章参考自：Savoy WS. Clinical Lecture on the Treatment of Cancer of the Breast by Excision［J］. British Medical Journal. 1870，1（480）：255. 这段文字表明，这篇文章时间太过久远，参考价值不大；而且这篇文章认为治疗乳腺癌最好的方法是乳房切除手术，对现今医疗水平而言已经不是最好的选择。

以前的健康及疾病情况，特别是与现有症状有密切关系的疾病。沃森将根据更为详细的症状描述进行深层的数据分析——包括对相似的病历数据库和医学文献进行更为深层的检索；并对之前的不同的推断根据病历和医学文献的相关性进行信心指数的评分。

（5）最终诊断和准确率估算

在这一步中，沃森会对不同的推断进行综合解析，并根据不同推断的信心指数进行排名，如果某个推断超过了规定的最小阈值，沃森将会认定该推断为最终的诊断结果，并给出最终诊断结果的信心指数——即准确率的估算。① 同时，沃森将根据最终的诊断结果，结合相关的病历和医学文献，给出治疗该疾病的建议。根据测算，在输入病人症状的描述之后，沃森只需要 30 秒钟就可以得出最终的诊断结果，并给出治疗建议。沃森的诊断准确率达到 73%，并且在不断地提高。②

作为世界公认的最好的肿瘤专科医院，M. D 安德森癌症中心每年有超过 10 万名来自世界各地的患者，其累积的肿瘤临床数据和医学知识不计其数，不论深度和广度，都是病人护理和临床试验的宝贵数据。沃森可以把这些数据有效部署到患者治疗流程当中，有了它，安德森癌症中心得以建立一套全新的诊治体系。

患者来中心就医后，系统将创建一套医疗过程、临床病史档案，与来自中央病例数据库中的临床案例信息进行纵向收集、提取以及整合，并对接与已发表医学文献、研究知识库，沃森的肿瘤专家顾问可以迅速生成诊断结果，并提供个性化治疗与病情管理选项。

---

① Rob High, Jho Low. Expert Cancer Care May Soon Be Everywhere, Thanks to Watson ［EB/OL］. http：//blogs. scientificamerican. com/mind - guest - blog/2014/10/20/expert - cancer - care - may - soon - be - everywhere - thanks - to - watson, 2014 - 10 - 20.

② 蒋蓉. 全美第一肿瘤医院"电脑医生"开始坐诊 ［EB/OL］. http：//zl. 39. net/66/141112/4516057. html, 2014 - 11 - 12.

沃森会将癌症患者自动匹配到适当的临床试验中，在证据和经验的基础上，为患者提供参与临床试验中新型疗法的机会，从而更有效地与癌症展开斗争。沃森还可以通过比较来确定患者对于不同疗法的机体反应，发现分歧之间的共性，以帮助分析检验的结果，从而推进研究人员和临床医生不断推进癌症治疗的方法。

4. 沃森医生与人类医生共同协作

目前，计算机的基本能力在于大量、复杂的计算以及一定程度的逻辑推理，而人的长处包括细微的感知、经验判断，以及形象思维、综合把握。以"沃森医生"等医疗辅助诊断系统为例，人们希望这些专家系统可以代替或者一定程度上代替人的工作或作用。医生所做的工作主要包括：检查、诊断、开药等工作，实际上，"沃森"等专家系统已经很好地实现了诸如数据收集、复杂计算、逻辑推理、辅助诊断等功能。①

但是，这并不意味着，沃森或者计算机就可以完全取代甚至超越医生的工作。目前来说，要考虑"计算机能否取代医生"这一问题，还为时过早。虽然人们认为"沃森医生"非常有效，但人们仍然强调"沃森医生"暂时还不能完全替代人，仍然只能充当医生助理的角色。实际上，在医疗诊断中，计算机可以辅助进行正常、异常的分类，然而计算机缺乏人脑对于知识理解和应用的灵活性，也不具备一名医生通常所需要的判断力和直觉；但是疾病的判断和结论通常离不开有经验的医生及其会诊，而医生的诊断过程，往往离不开经验、直觉的作用。② 在真正的医疗实践中，医生在任何时候都不会盲目接受一台计算机的建

---

① 蒋蓉. 全美第一肿瘤医院"电脑医生"开始坐诊［EB/OL］. http://zl.39.net/66/141112/4516057_1.html，2014－11－12.

② 董军：《人工智能哲学》，北京：科学出版社，2011 年，128－129 页。

议，而是要经过自己的思考和分析才能确诊和提出治疗方案。① 而且，行医远远不是处理数据这么简单，对病人和家属的情绪抚慰，在实践中把握细微差别、学习掌握不确定性，都离不开人类医生。②

因此，人机协同、共同完成医疗诊断的推理过程，才是最终的发展方向。③

三、实例分析Ⅱ："AlphaGo"的推理机制

棋类游戏是人工智能最重要的研究领域之一，到目前为止，人工智能在国际象棋、中国象棋、跳棋等棋类游戏中均可以战胜（或者至少保证和棋）世界顶尖的人类棋手。特别是在 1997 年 5 月 11 日，IBM 公司研制的国际象棋专家系统"深蓝"（Deep Blue）以 2 胜 1 负 3 平的成绩战胜了国际象棋特级大师卡斯帕罗夫（Гарри Каспаров，Garry Kasparov），震惊了全世界。

在 AlphaGo 出现之前，人工智能专家已经研发了各种基于不同算法和推理机制的围棋对弈专家系统，例如 Crazy Stone，Zen，Silver Star 等等，但是这些专家系统均不能战胜顶尖的人类棋手，其实力差距几乎是可以被人类顶尖棋手让六子的水平，这是一个近乎天堑般的差距。因为围棋的规则虽然简单，只有 19 × 19 路棋盘，由黑白双方依次落子，终

---

① 张田勘．"沃森医生"——谁愿意找一台电脑看病？［J］．中国新闻周刊，2011（24）：66.
② 蒋蓉．全美第一肿瘤医院"电脑医生"开始坐诊［EB/OL］．http：//zl.39.net/66/141112/4516057_2.html，2014 - 11 - 12.
③ 杨敏．机器人医生沃森如何改变世界？［EB/OL］．http：//www.vcbeat.net/8766.html，2015 - 01 - 12.

局时查看黑白双方所围成的势力范围①来决定胜负；但是围棋的下法非常复杂，如果加上打劫（围棋术语）②，则局面就将更加复杂；据统计，围棋盘上可能形成的局面高达 3 的 361 次方，比目前宇宙中所有原子数（10 的 80 次方）都多。以目前超级计算机的计算能力以及人工智能的发展水平还远远地不能穷举围棋的所有可能性。

AlphaGo 的出现，则完全突破了这一局面。AlphaGo 是由 Google 旗下的 Deep Mind 公司研发的围棋对弈专家系统。2015 年 10 月，AlphaGo 以 5：0 的战绩击败了欧洲围棋冠军樊麾二段；2016 年 3 月，又以 4：1 的战绩击败了拥有十四个世界围棋冠军头衔的李世石九段，震惊了全世界；2017 年 5 月，AlphaGo 的升级版以 3：0 的战绩击败了围棋世界排名第一、世界冠军柯洁九段；可以说，这是一次人工智能的巨大胜利。

AlphaGo 的开发者西弗（David Silver）、黄士杰以及哈萨比斯（De-mis Hassabis）等人于 2016 年 1 月 28 日在 *Nature* 杂志发表了 *Mastering the game of Go with deep neural networks and tree search*③ 一文（中文翻译参见本书附录），详细论述了 AlphaGo 的算法与推理机制。AlphaGo 使用了一种新的结合了 "价值网络"（Value Networks）和 "策略网络"

---

① 围棋的规则目前并未实现统一，通常可以划分为两种：日韩规则与中国规则。日韩规则采用数目法，终局时由黑方向白方贴 6.5 目；中国规则采用数子法，终局时由黑方向白方贴 3 又 3/4 子，折合成数目法大约是黑方向白方贴 7.5 目。AlphaGo 是基于中国规则来进行研发的。

② 打劫，是指黑白双方都把对方的棋子围住。这种局面下，如果轮白下，可以吃掉一个黑子；如果轮黑下，同样可以吃掉一个白子。如此往复就会形成无限循环，因此围棋规则规定，禁止 "同形重复"；即规定本方 "提" 对方一子后，对方在可以回提的情况下不能马上回提，需要在别处先下一手，待对方回应一手之后再回 "提"。

③ David Silver, Aja Huang, Chris J. Maddison, Arthur Guez, Laurent Sifre, George van den Driessche, Julian Schrittwieser, Ioannis Antonoglou, Veda Panneershelvam, Marc Lanctot, Sander Dieleman, Dominik Grewe, John Nham, Nal Kalchbrenner, Ilya Sutskever, Timothy Lillicrap, Madeleine Leach, Koray Kavukcuoglu, Thore Graepel1, Demis Hassabis. Mastering the game of Go with deep neural networks and tree search［J］. Nature, 2016－01－28（529）：484－489.

（Policy Networks）的蒙特卡洛模拟（Monte Carlo Simulation）算法。可以说 AlphaGo 体现了人工智能开发者与计算机高速运算、推理能力的完美结合，是人机协同系统的又一次经典案例。

2017 年 10 月 19 日，西弗、黄士杰以及哈萨比斯等人在 *Nature* 杂志又发表一篇论文 *Mastering the game of Go without human knowledge*①，介绍了一种基于增强学习方法的算法，不需要人类的数据、指导或者除了规则之外的其他专业知识，AlphaGo 的升级版（AlphaGo Zero）就已经更加超越了人类的性能，并以 100∶0 的成绩击败了上一个版本的 AlphaGo。

在本节中，笔者以 Deep Mind 团队的第一篇论文 *Mastering the game of Go with deep neural networks and tree search* 为参考，详细论述 AlphaGo 的算法与推理机制。

1. AlphaGo 的算法与推理机制

论文 *Mastering the game of Go with deep neural networks and tree search* 的摘要论述道，AlphaGo 使用了一种新的围棋算法：即使用"价值网络"评估棋局、"策略网络"来选择落子。这些深层神经网络，是由人类专家博弈训练的监督学习和计算机自我博弈训练的强化学习，所共同构成的一种新型组合。在没有任何预先搜索的情境下，这些神经网络能与顶尖水平的、模拟了千万次随机自我博弈的蒙特卡洛树搜索（Monte Carlo Tree Search，简称 MCTS）程序下围棋。同时，AlphaGo 还使用了

---

① David Silver, Julian Schrittwieser, Karen Simonyan, Ioannis Antonoglou, Aja Huang, Arthur Guez, Thomas Hubert, Lucas Baker, Matthew Lai, Adrian Bolton, Yutian Chen, Timothy Lillicrap, Fan Hui, Laurent Sifre, George van den Driessche, Thore Graepel & Demis Hassabis. Mastering the game of Go without human knowledge［J］. Nature，2017 - 10 - 19（550）：354 - 359.

一种新的搜索算法：结合了估值和策略网络的蒙特卡洛模拟算法。①

论文的正文中提到，任何一种完美信息类游戏都有一种最优值函数 $v^*(s)$，即可以从所有游戏者完美对弈时每一棋盘局面或状态 s，判断出游戏结果。这类游戏可以通过递归计算一个约含有 bd 种可能落子情况序列的搜索树，求得上述最优值函数来解决。在这里，b 是游戏广度（每个局面可合法落子的数量），d 是游戏深度（对弈步数）。在国际象棋（b≈35，d≈80），特别是围棋（b≈250，d≈150）等大型游戏中，穷举搜索的方法（穷举法）是不可取的（可参见前文），但是有两种常规方法可以有效减少搜索空间。第一种方法，搜索深度可以通过局面评估来降低：用状态 s 截断搜索树，将 s 的下级子树用预测状态 s 结果的近似值函数 $v(s) \approx v^*(s)$ 代替。这种做法在国际象棋取得了超过人类的性能；但是由于围棋的极端复杂性，这种做法在围棋中变得棘手。第二种方法，搜索广度可以用局面 s 中表示可能落子 a 的策略函数 p（a｜s)② 产生的概率分布的弈法抽样来降低。实际上，第二种方法提供了一种有效的局面评估。

蒙特卡洛树搜索（以下简称 MCTS）使用蒙特卡洛走子法来估算一个搜索树中每个状态的值。随着更多模拟情况的执行，该搜索树会生长变大、与之相关的概率值也会变得更加准确。随着时间的推移，通过选择那些较高估值的子树，其搜索过程中选择落子的策略也得到了提高。该策略可以渐进收敛于最优弈法，其对应的估值结果也会收敛于该最优

① David Silver, Aja Huang, Chris J. Maddison, Arthur Guez, Laurent Sifre, George van den Driessche, Julian Schrittwieser, Ioannis Antonoglou, Veda Panneershelvam, Marc Lanctot, Sander Dieleman, Dominik Grewe, John Nham, Nal Kalchbrenner, Ilya Sutskever, Timothy Lillicrap, Madeleine Leach, Koray Kavukcuoglu, Thore Graepel1, Demis Hassabis. Mastering the game of Go with deep neural networks and tree search［J］. Nature, 2016－01－28（529）：484.

② p（a｜s），即在局面 s 的情况下，落子于 a 处的概率。可参见前文中关于主观贝叶斯方法的内容。

值函数。当下最强的围棋程序都基于 MCTS 开发的，通过预测人类高手落子情况来训练程序，从而增强性能。

近年来，深度卷积神经网络（Deep Convolutional Neural Networks）在视觉领域达到了前所未有的高性能，即使用重叠排列的多层神经元，逐步构建图像的局部抽象表征。我们知道，围棋棋盘是 19×19，因此可以把棋局看作为一个 19×19 的图像，从而可以使用若干卷积层来构造该局面的表征值。使用这些神经网络，可以在很大程度上减少搜索树的深度以及广度——使用价值网络来评估棋局，使用策略网络来做落子取样。

专家们使用一种由机器学习若干阶段组成的管道来训练这些神经网络。在开始阶段，直接使用人类高手的落子弈法来训练一种监督学习型（Supervised Learning，简称 SL）走棋策略网络 pσ。这个阶段提供了快速、高效的带有即时反馈和高品质梯度的机器学习更新数据。类似以前的做法，专家们也训练了一个快速走棋策略 pπ，即能对落子时的弈法快速采样。接下来的阶段，则训练一种增强学习（Reinforcement Learning，简称 RL）型的走棋策略 pρ，通过优化那些自我博弈的最终结果，来提高前面的 SL 策略网络 pσ。这个阶段是将该策略调校到赢取比赛的正确目标上，而非最大程度的预测走棋的准确性。最后阶段，专家们训练一种价值网络 Vθ，来预测那些采用 RL 走棋策略网络自我博弈的赢家。AlphaGo 使用 MCTS 的方法有效结合了策略网络和价值网络。①

---

① David Silver, Aja Huang, Chris J. Maddison, Arthur Guez, Laurent Sifre, George van den Driessche, Julian Schrittwieser, Ioannis Antonoglou, Veda Panneershelvam, Marc Lanctot, Sander Dieleman, Dominik Grewe, John Nham, Nal Kalchbrenner, Ilya Sutskever, Timothy Lillicrap, Madeleine Leach, Koray Kavukcuoglu, Thore Graepel1, Demis Hassabis. Mastering the game of Go with deep neural networks and tree search [J]. Nature, 2016 – 01 – 28 (529): 484.

（1）策略网络的监督学习

训练管道的第一阶段，按以前的做法使用监督学习型 SL 走棋策略网络 pσ 来预测围棋中高手的落子情况。此 SL 策略网络 pσ（a | s）在带有权重数组变量 σ 和整流非线性特征值数组的卷积层间交替使用。最终输出一个所有合法落子情况的概率分布 a。此策略网络的输入变量 s 是一个棋局状态的简单标识变量。策略网络基于随机采样的棋盘情形操作对（s，a）做训练：采用随机梯度升序法，在选定状态 s 时，选取人类落子 a 的最大相似度。

$$\Delta\sigma \propto \frac{\partial \log p_\sigma(a|s)}{\partial \sigma} ①$$

（2）策略网络的增强学习

训练管道的第二阶段，旨在使用增强学习型（RL）的方法来提高之前的策略网络。这种 RL 策略网络 pρ 在结构上与 SL 策略网络相同，其权重 ρ 被初始化为相同值：ρ = σ，使其在当前策略网络 pρ 和某个随机选择的上次迭代产生的策略网络之间进行对弈。这种方法的训练，要使用随机化的存有对手稳定态的数据库，来防止对当前策略的过度拟合。专家们使用了报酬函数 r（s），对所有非终端时间步长 t < T 时，赋值为 0。其结果值 $z_t = \pm r(s_T)$ 是博弈结束时的终端奖励：按照当前博弈者在时间步长 t 时的预期，给胜方 + 1、败方 − 1。权重在每一次步长变量 t 时，按照预期结果最大值的方向，进行随机梯度升序更新。

---

① David Silver, Aja Huang, Chris J. Maddison, Arthur Guez, Laurent Sifre, George van den Driessche, Julian Schrittwieser, Ioannis Antonoglou, Veda Panneershelvam, Marc Lanctot, Sander Dieleman, Dominik Grewe, John Nham, Nal Kalchbrenner, Ilya Sutskever, Timothy Lillicrap, Madeleine Leach, Koray Kavukcuoglu, Thore Graepell, Demis Hassabis. Mastering the game of Go with deep neural networks and tree search［J］. Nature, 2016 - 01 - 28（529）: 485.

$$\Delta \rho \propto \frac{\partial \log p_\rho (a_t | s_t)}{\partial \rho} z_t \text{①}$$

（3）价值网络的增强学习

最后阶段的训练管道则聚焦在对棋局的评估上，专家们使用了一个估值函数 $v^p(s)$ 做估计，给棋局 s 中两个使用策略 p 的博弈者预测结果。

$$v^p(s) = E[z_t | s_t = s, a_{t\cdots T} \sim p]$$

在理想情况下，需要知道完美博弈 $v^*(s)$ 中的该最优值函数；实践中，则用值函数代替做估算。作为最强策略，使用在 RL 策略网络上的 pρ，专家们使用带权重数组 θ 的估值网络 $v^\theta(s)$ 对此估值函数做近似，$v^\theta(s) \approx v^{pp}(s) \approx v^*(s)$。

该神经网络具有一种与此价值函数相似的结构，但是最终只输出一个预测，而不是输出一个概率分布。专家们使用状态 – 结果对（s，z）回归，训练该价值网络的权重，使用随机梯度降序来最小化该预测值 $v^\theta(s)$ 和相应结果 z 之间的均方差（MSE）。

$$\Delta \theta \propto \frac{\partial v_\theta(s)}{\partial \theta}(z - v_\theta(s)) \text{②}$$

（4）基于策略网络和价值网络的搜索算法

AlphaGo 在一种采用前向搜索选择弈法的 MCTS 算法里，结合使用

① David Silver, Aja Huang, Chris J. Maddison, Arthur Guez, Laurent Sifre, George van den Driessche, Julian Schrittwieser, Ioannis Antonoglou, Veda Panneershelvam, Marc Lanctot, Sander Dieleman, Dominik Grewe, John Nham, Nal Kalchbrenner, Ilya Sutskever, Timothy Lillicrap, Madeleine Leach, Koray Kavukcuoglu, Thore Graepel1, Demis Hassabis. Mastering the game of Go with deep neural networks and tree search [J]. Nature, 2016 – 01 – 28（529）：485.

② David Silver, Aja Huang, Chris J. Maddison, Arthur Guez, Laurent Sifre, George van den Driessche, Julian Schrittwieser, Ioannis Antonoglou, Veda Panneershelvam, Marc Lanctot, Sander Dieleman, Dominik Grewe, John Nham, Nal Kalchbrenner, Ilya Sutskever, Timothy Lillicrap, Madeleine Leach, Koray Kavukcuoglu, Thore Graepel1, Demis Hassabis. Mastering the game of Go with deep neural networks and tree search [J]. Nature, 2016 – 01 – 28（529）：486.

策略和价值网络。每个搜索树的边界设定为（s，a），弈法值设定为 Q（s，a），访问计数规定为 N（s，a），以及前驱概率 P（s，a）。从当前根状态出发，该搜索树使用模拟的方法（指已完成的博弈中做无备份降序）做遍历（Traverse）。在每次模拟的每个时间步长 t，从状态 s_t 内选出一个弈法 a_t，

$$a_t = \underset{a}{\mathrm{argmax}}(Q(s_t, a) + u(s_t, a))$$

当满足，最大弈法值加上与前驱概率成正比、但与访问计数成反比的奖励值：

$$u(s, a) \propto \frac{P(s, a)}{+N(s, a)}$$

就能有效地促进对搜索空间的探索。当这个遍历在步骤 L，搜索一个叶节点 s_L 时，该叶节点可能被展开。该叶节点的局面 s_L 仅通过 SL 型策略网络 pσ 处理一次。该输出概率被存储为每次合法弈法 a 的前驱概率 P（s，a）= pσ（a | s）。这个叶节点通过两种不同方式被评估：一种是通过估值网络 $v^\theta(s_L)$；第二种是，通过一种随机落子的结果值 z_L，直到使用快速走子策略 pπ 在步长 T 时结束博弈。最后，这些评价被组合起来，使用一种混合参数 λ，进入一个叶节点估值 V（s_L）：

$$V(s_L) = (1 - \lambda)v_\theta(s_L) + \lambda z_L$$

模拟结束时，遍历过的所有边界的弈法值和访问计数就会被更新。每个边界累加其访问计数值，以及所有经过该边界所做的模拟的平均估值：

$$N(s, a) = \sum_{i=1}^{n} 1(s, a, i)$$

$$Q(s, a) = \frac{1}{N(s, a)} \sum_{i=1}^{n} 1(s, a, i) V(s_L^i)$$

式中是其第 i 次模拟的叶节点，1（s，a，i）代表第 i 次模拟中一个边界（s，a）是否被访问。当该搜索结束时，AlphaGo 将选择这次初

始局面模拟的访问计数最多的弈法来落子。①

跟传统启发式搜索相比，策略网络和价值网络无疑需要高出几个数量级的计算量。为了有效结合 MCTS 和深度神经网络，AlphaGo 采用了异步多线程的搜索方式，在多 CPU 上执行模拟、多 GPU 并行计算策略网络和价值网络。最终版本的 AlphaGo（单机版）使用了 40 个搜索线程、48 个 CPU 以及 8 个 GPU。我们也使用了一种分布式的 AlphaGo 版本，部署在多台机器上，使用了 40 个搜索线程、1202 个 CPU 和 176 个 GPU。②

2. AlphaGo 如何在围棋对弈中选择步法

AlphaGo 和一些其他的围棋专家系统进行了内部比赛，这其中包括了最强大的围棋程序 Crazy Stone 和 Zen，还有最大的开源程序 Pachi 和 Fuego。所有这些程序都是基于高性能的 MCTS 算法。比赛的结果表明单机版的 AlphaGo 领先任何之前的围棋程序很多段位，取得了 495 局比赛中 494 次胜利的成绩（胜率 99.8%）。2015 年 10 月 5 日到 9 日，AlphaGo 和欧洲围棋冠军樊麾二段正式比赛了 5 局，AlphaGo 全部获胜。这是第一次一个围棋程序，在没有让子、全尺寸（19×19）的情况下

① David Silver, Aja Huang, Chris J. Maddison, Arthur Guez, Laurent Sifre, George van den Driessche, Julian Schrittwieser, Ioannis Antonoglou, Veda Panneershelvam, Marc Lanctot, Sander Dieleman, Dominik Grewe, John Nham, Nal Kalchbrenner, Ilya Sutskever, Timothy Lillicrap, Madeleine Leach, Koray Kavukcuoglu, Thore Graepel1, Demis Hassabis. Mastering the game of Go with deep neural networks and tree search [J]. Nature, 2016 – 01 – 28 (529): 486.
② David Silver, Aja Huang, Chris J. Maddison, Arthur Guez, Laurent Sifre, George van den Driessche, Julian Schrittwieser, Ioannis Antonoglou, Veda Panneershelvam, Marc Lanctot, Sander Dieleman, Dominik Grewe, John Nham, Nal Kalchbrenner, Ilya Sutskever, Timothy Lillicrap, Madeleine Leach, Koray Kavukcuoglu, Thore Graepel1, Demis Hassabis. Mastering the game of Go with deep neural networks and tree search [J]. Nature, 2016 – 01 – 28 (529): 487.

击败人类专业选手，这一成果过去认为至少需要 10 年才能实现。

Google 围棋专家系统击败了欧洲围棋冠军，AlphaGo 是如何做到的？以下以图示来进行说明：

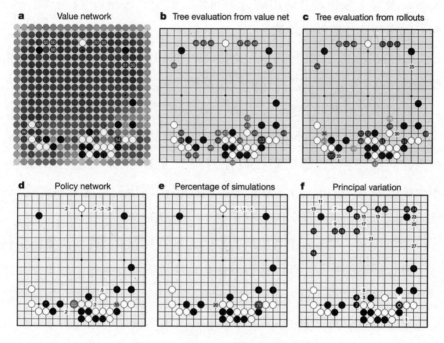

图 4 - 4　**AlphaGo 的算法示意图①**

黑色棋子代表 AlphaGo 正处于下棋状态，对于下面的每一个统计，橙色圆圈代表的是最大值所处的位置。

a. 使用价值网络 $v^\theta(s')$ 来估测根节点 s 处的所有子节点 s'，展示了几个最大的获胜概率估计值。

b. 计算树中从根节点 s 处伸出来的边界（其中每条边界用（s，a）来表示）的弈法值 Q（s，a），仅当（λ=0）时，取价值网络估值的平均值。

c. 计算了根位置处伸出的边界的弈法值 Q（s，a），仅当（λ=1）时，取模拟估计值的平均值。

d. 直接从 SL 策略网络 pσ（a|s）中得出的落子概率，（如果这个概率高于0.1%）结果以百分比形式表示出来。

e. 计算了在模拟过程中，从根节点选出的某个弈法的频率百分比。

f. 表示来自于 AlphaGo 搜索树的主要变异性（Principal Variation，最大访问数路径），移动路径以序号形式呈现出来。红色圆圈表示 AlphaGo 选择的步法；白方格表示樊麾作出的回应；樊麾赛后评论说：他特别欣赏 AlphaGo 预测的（标记为1）的步法。①

围棋代表了很多人工智能所面临的困难：具有挑战性的决策制定任务、难以破解的查找空间问题以及优化解决方案如此复杂，以至于使用一个策略函数或价值函数几乎无法直接得出。之前人工智能在围棋方面的主要突破是引入了 MCTS，这导致了其他很多领域的相应进步：例如通用博弈、经典的计划问题、计划只有部分可观测问题、日程安排问题以及约束满足问题等等。通过将策略网络和价值网络与树搜索结合起来，AlphaGo 终于达到了专业围棋的水准，这让专家们看到了希望——

---

① David Silver, Aja Huang, Chris J. Maddison, Arthur Guez, Laurent Sifre, George van den Driessche, Julian Schrittwieser, Ioannis Antonoglou, Veda Panneershelvam, Marc Lanctot, Sander Dieleman, Dominik Grewe, John Nham, Nal Kalchbrenner, Ilya Sutskever, Timothy Lillicrap, Madeleine Leach, Koray Kavukcuoglu, Thore Graepell, Demis Hassabis. Mastering the game of Go with deep neural networks and tree search [J]. Nature, 2016 - 01 - 28 (529): 487 - 488.

在其他看起来无法完成的领域中，人工智能也可以达到人类级别的表现。①

四、人机协同系统推理机制的进展
——从"沃森医生"到"AlphaGo"

"沃森医生"以 DeepQA 系统为基础，其推理需要经过：建立知识库——问题分析——形成推断——评分与概率估算等步骤。可以说，"沃森医生"较经典的人工智能与专家系统已经前进了一大步，已经具备了相当强大的数据分析和推理能力，并且具备了一定的机器自主学习能力。

相比之下，AlphaGo 的算法与推理机制则更进一步，采用了一种新的结合了"价值网络"和"策略网络"的蒙特卡洛模拟等算法。AlphaGo 不仅具备了强大的数据分析和推理能力，其机器自主学习的能力也令人叹为观止——AlphaGo 可以自身与自身对战，从而可以与日俱进，大幅提升自身的对弈水平。人类甚至很难预测 AlphaGo 在围棋上的潜力还有多大，更难以预测其在围棋领域的瓶颈会在哪里。

---

① David Silver, Aja Huang, Chris J. Maddison, Arthur Guez, Laurent Sifre, George van den Driessche, Julian Schrittwieser, Ioannis Antonoglou, Veda Panneershelvam, Marc Lanctot, Sander Dieleman, Dominik Grewe, John Nham, Nal Kalchbrenner, Ilya Sutskever, Timothy Lillicrap, Madeleine Leach, Koray Kavukcuoglu, Thore Graepel1, Demis Hassabis. Mastering the game of Go with deep neural networks and tree search ［J］. Nature, 2016 – 01 – 28（529）：489.
关于该篇论文的中文翻译与解读参考自：数据精简. AlphaGo 算法论文 神经网络加树搜索击败李世石［EB/OL］. http://sports. sina. com. cn/go/2016 – 03 – 17/doc – ifxqnski7666906. shtml, 2016 – 03 – 17. 以及新智元. Google 人工智能击败欧洲围棋冠军, AlphaGo 究竟是怎么做到的?　［EB/OL］http://www. leiphone. com/news/201601/5dD116ihICV2hCPk. html, 2016 – 01 – 28.

从早期的专家系统到"沃森医生"再到 AlphaGo，我们可以发现，人机协同系统推理机制呈现这样的变化：起先人工的机器系统主要承担基于符号的形式推理工作，而后其他的推理能力不断得到发展。如果参照上一章中所阐述过的人的推理的双重系统，则可以明白，机器系统的这种变化在一定程度上体现了从模拟人的推理子系统 2 扩展到模拟推理子系统 1 的演进。在 AlphaGo 的框架结构中，这种朝模拟子系统 1 的演进是通过深度的人工神经网络来实现的。由此看来，人机协同系统的发展，将是人的推理能力和智能水平不断向人工智能系统的迁移和放大，这表明其推理机制是一个动态迁移的过程。

这样，随着人工智能与人机协同系统的发展，可以说人工智能系统已经在很大程度上替代人类来进行基于形式的推理等工作，并且还正渐渐具备自主学习的能力，其中原本属于人的推理所具有的评价甚至直觉的功能也正在实现。因此，可以想见，在很多领域，人工的智能系统不仅会相对自主地完成学习和推理的任务，而且可以比人类做的更多更快更好。与此相应，人类需要做的工作将更多集中在制定目标以及评价、选择等更富有创造性的工作上去。

人工智能与人机协同系统的发展无疑推动了社会的发展，文明的进步，而其所引发的哲学探讨可能更值得人类深思。例如，这样的系统的本体论地位如何？在获取和生成知识方面有哪些特点？对于人的生存和发展又会产生什么重要的影响？等等。在以下的三章内容中，笔者将系统、深入地探究其中所蕴含的基本哲学问题以及哲学意义。

第五章

人机协同系统的本体论地位

　　在前面几章中，笔者主要梳理和阐述了人机协同系统发展的思想轨迹、人机协同系统的推理机制，并以"沃森医生"和"AlphaGo"为例，进行了具体的阐述。显然，这样的考察主要是停留在历史、科学和技术的层面上。但是，本书的主要目的是试图对人机协同系统引发的基本哲学问题进行系统和深入的探究。从本章开始，笔者将从多个维度来探究人机协同系统的哲学问题。首先值得询问的是：当通过人机协同而形成新的系统后，该系统的本体论地位如何？也就是说，从本体论上说，人机协同系统是一个什么样的"存在物"？

　　鉴于人机协同系统与人工智能之间存在着密切关系，因此，在分析人机协同系统的本体论地位时，有必要先对人工智能中的本体论假设进行一番阐述。在本章中，首先较为系统地论述了"物理符号系统假设"，认为更为准确的表述应当是"物理实现的符号系统假设"；其次论述了人机协同系统的本体论基础；最后指出，人机协同系统本质上是计算系统。

一、关于本体论

本体论，通常是指"Ontology"的中文翻译，也有学者将之翻译为"存在论""万有论""是论"等。

"Ontology"最早的提出者是德国哲学家郭克兰纽（Rudolphus Goclenius），由"ont"＋"ology"所组成。"ology"通常是指"学科""学说"等等。"ont"是希腊文"ον"的变化式，相当于"on"；"on"则相当于英文中不定式"to be"的中性分词，这就是说，"on"可以被认为是英文中的"being"。"Ontology"这个词表明这是一门关于"being"的学说。那么，什么是"being"？

从柏拉图（Plato）哲学起，"being"（分词）就被当作是分有了"Being"（动名词）的东西。如果我们认为"Being"（动名词）就是"是"的意思，那么，"being"（分词）所表示的就是：分有"是"，即"所是""是者"。所以，"Ontology"，从字面确切的意思来说，就一门关于"是"和一切"是者"的学说。①

德国哲学家沃尔夫（Christian Wolff）是第一个为"本体论"下定义的人，将之定义为：论述各种抽象的、完全普遍的哲学范畴，如"是"以及"是"之成为一和善，在这个抽象的形而上学中进一步产生出偶性、实体、因果、现象等范畴。②

而在中文中，《辞海》认为"本体论"是指哲学中研究世界的本源或本性的问题的部分。（上海辞书出版社，1980年版）；《哲学大辞典》认为"本体论"研究一切实在的最终本性（上海辞书出版社，1992年

---

① 俞宣孟：《本体论研究》（第三版），上海：上海人民出版社，2012年，11–12页。
② 俞宣孟：《本体论研究》（第三版），上海：上海人民出版社，2012年，14页。

版）；国内的哲学教科书一般认为"本体论"就是关于世界（包括自然界、人类社会和思维）的最一般规律的"科学"，充当世界的"本体"，即是具有客观实在性的"物质"。

俞宣孟对"本体论"这一问题进行了正本清源的阐述，他认为，"本体论"就是运用以"是"为核心的范畴、逻辑地构造出来的哲学原理系统。

通过以上具体的分析，有助于我们从"本体论"意义上对人工智能以及人机协同系统进行哲学阐释。

二、物理符号系统假设

作为哲学范畴，本体论本意上讲是关于"是"和"是者"的学说，[①] 现在通常是指关于存在的本性和结构的学说。而具体到某个特定的对象或领域，所谓本体论假设或承诺则是指关于该对象的本性的假定。在人工智能领域中，这种假定就是西蒙和纽厄尔提出的"物理符号系统假设"。

所谓的"物理符号系统假设"，是指任何一个能够表现出智能的系统，一定会具备以下六种功能：输入符号；输出符号；存储符号；复制符号；建立符号结构；条件性转移。反之亦然，任何一个具有以上六种功能的系统，都可以称之为智能系统。

西蒙认为，"物理符号系统假设"伴随着三个推论：

第一个推论是，既然人具有智能，那么人就一定是一个物理符

---

① 俞宣孟：《本体论研究》（第三版），上海：上海人民出版社，2012 年，11－12 页。

号系统。

第二个推论是，既然计算机是一个物理符号系统，那么计算机就一定能表现出智能。

第三个推论是，如果人是一个物理符号系统，计算机也是一个物理符号系统，那么就可以用计算机来模拟人的智能。

第三个推论不一定是第一和第二推论推导出来的必然结果。因为人是物理符号系统，具有智能；计算机也是一个物理符号系统，也具有智能，但是它们的运行原理并不相同，因此计算机并不一定都能模拟人的智能。在计算机上可以编制复杂的程序，进行复杂的推理和运算，然而计算机的这种推理和运算过程并不一定就是人类的思维过程。但是人工智能的研究就是为了可以按照人类的思维过程来编写计算机程序。如果做到了这一点，我们就可以用计算机在形式上或理论上来说明和描述人的智能活动。①

西蒙和纽厄尔据此认为，无论是人还是计算机，从本质上讲，都可以看做是一个物理符号系统——这就是"物理符号系统假设"的本体论意蕴。并且，他们也给出了成立的依据：一方面，西蒙和纽厄尔在《作为经验探索的计算机科学：符号和搜索》一文中指出："关于智能活动——无论是人还是由机器——究竟是怎样完成了，都还没有可与之（物理符号系统假设）相抗衡的专门假设。"② 另一方面，西蒙也指出，自"物理符号系统假设"提出以来，"大量的经验材料（尤其是来自人工智能领域)③ 都支持了这个假设和它的三个附带推论。尤其是第二个

---

① 司马贺（Herbert A. Simon）著，荆其诚、张厚粲译：《人类的认知：思维的信息加工理论》，北京：科学出版社，1986年，12－13页。

② 玛格丽特·A·博登编著，刘西瑞、王汉琦译：《人工智能哲学》，上海：上海世纪出版集团，2006年，127页。

③ 周挺. 物理符号系统假设的历史回顾与思考 [D]. 浙江大学，2008：22.

和第三个推论均获得了有力的证据。我们能够在一个物理系统里放上一个程序……然后当给这个系统一定的任务时，这个系统就会产生行为；我们还能够编写程序来模拟人类的智能。"①

尽管"物理符号系统假设"在人工智能中作为一个本体论的承诺而达到了公认的地位，但仔细推敲，这一假设中的概念和表述的内容存在着含混之处。这是因为，其中"物理"和"符号"两个概念以及它们与"系统"概念之间的关系似乎并不明确。通常，当我们涉指"物理"和"符号"两个概念时，是在不同的层面上使用的。"物理的"往往跟具有时空属性的"系统"连在一起，而"符号的"则与抽象的概念相关。那么，当认定人或计算机是一个物理符号系统时，究竟是指人或计算机是一个具有物理实现的"符号系统"，还是一个具有符号功能的"物理系统"？如果将计算机的硬件理解为"物理系统"，软件理解为"符号系统"，则类似的问题也会出现：计算机究竟是什么？

这里，我们遇到一个看待实在世界的普遍性问题。对于一个实体或存在物，概念化的方式可以是多样的。例如，面对一尊由泥团所塑成的塑像时，我们首先可认定有一个存在物，在此基础上，我们可以将它看作是一个物理系统（泥团），也可以将其看作一尊作品（塑像）。亚里士多德在他的名著《物理学》中已经对此有了一定的阐述。进一步展开来的话，我们可以将塑像与泥团的关系看作是：塑像是需要依仗泥团才能够实现的，或者说，塑像随附于泥团。可以看出，这是两种概念化实体的方式，每一种方式均是对实在的描述，但是从本体论上来说，这两种方式却都是只承诺了一个存在物。

通过对泥团的概念化，我们可以用类似的方式对"计算机"来进行概念化。首先，我们需要承诺计算机是一个存在物，在此基础上，我

---

① 司马贺（Herbert A. Simon）著，荆其诚、张厚粲译：《人类的认知：思维的信息加工理论》，北京：科学出版社，1986年，15页。

们一方面可以把它看作是一个物理系统，这样就可以在物理学的框架下对它的组成、属性和运行过程来进行考察；另一方面，我们也可以将它看作是一个符号系统，那么就可以使用符号学的框架对它的组成、属性和运行过程来进行考察。物理系统和符号系统之间属于实现或随附的关系，也就是说，物理系统实现符号系统，或者符号系统随附于物理系统。

　　由于在人工智能中，我们实质上是关注人或计算机获取、处理和输出符号的能力和过程，所以实际上是将其视作符号系统。当然，这种符号系统又是靠一定的物理基质来实现的。因此，关于"物理符号系统假设"，我们认为是依仗物理实现的"符号系统"，即可以认为是"物理实现的符号系统假设"。

　　如果我们进一步追问"符号"这一概念的含义，则立即就会发现，其实际上可以由一对很大程度上获得本体论地位的概念来规定和阐释，那就是计算和信息。特别是，当我们探究人机协同系统的本体论基础时，运用这对概念会显得更为自然和充实。

三、人机协同系统的本体论基础

1. 计算与信息

　　从上文中关于"物理符号系统假设"的解读，我们可以明白，确定人机协同系统或其他人工智能系统的本体论地位，需要对计算和信息这对概念赋予本体论的意义，从而建立一种"计算本体论"或"信息本体论"。事实上，这种赋予计算和信息以本体论意义而确立的学说已经出现，那就是广义的计算主义。以下，笔者将阐述和论证，这种计算主义正是人机协同系统恰当的本体论基础。不过，在进一步展开之前，有必要对计算和信息这对概念进行剖析。

"计算",对应的英文单词是"computation",意思是用数学手段确定或得出某些东西。《现代汉语词典》(第5版,商务印书馆,2005年)把计算规定为"根据已知数通过数学方法求得未知数"。可见,计算的本义是用数学方法求值。但是,词典中所规定的关于计算的语义既模糊又狭窄,并不能囊括计算机科学和技术中所使用的计算概念的意义。至于自然科学、社会科学和哲学领域以及日常生活中关于计算的用法就更加多种多样。实际上,随着计算机在社会生活中的广泛应用,计算概念的内涵已经发生了深刻的改变,而外延则极大地拓展了。①

加拿大哲学家施密斯(B. C. Smith)对计算这一感念进行了详尽的分析,认为目前对计算概念存在7种不尽相同的诠释:

①计算是关于形式符号的操作;

②计算也可以称为能行可计算性(可参见前文中的"图灵机"概念);

③计算是算法或规则的执行(这种用法主要运用在计算科学和技术领域);

④计算是函数的运算(由输入得出输出结果的过程);

⑤计算是数值态的机器;

⑥计算是信息加工和处理的过程;

⑦计算是物理符号系统(可参见上文的"物理符号系统假设");

施密斯对这些关于计算的概念进行了深入的分析,他指出,有些表

---

① 郦全民:《用计算的观点看世界》,广州:中山大学出版社,2009年,24页。

述从形式上看是功能等价的，但在语义和语用方面却存在巨大的差别。① 实际上，考虑到计算这一概念在实践中的运用，通常可以将计算看作是在规则支配下的态的迁移过程；从这个角度来说，以上的 7 种诠释都体现了这样一个过程。因此，我们可以用第 6 种诠释来统一其他的诠释，即可以把计算广义地规定为"信息处理或加工"。②

如果认为计算是信息处理或加工，那么信息又是什么？实际上，这种以"是"的方式来定义概念的方式蕴含着潜在的危险，很容易会陷入到循环定义或者无穷倒退的境地中。

斯洛曼（Aaron Sloman）认为，对于信息这一概念，我们并不能给出准确的定义。但是，我们可以分析信息在理论和实践活动中所充当的角色，来对信息的定义加以说明。实际上，对于计算和信息这两个基本概念，我们可以把计算理解为是对信息的加工，而信息的识别和表示又不能与信息加工的过程（即计算）相分离。所以，计算和信息组成了一组不可分割的概念对，每一个概念的意义内在地包含在另一个概念之中。③ "信息是静态的，计算则是动态的，计算变换信息。"④

2. 计算本体论

随着人工智能的不断发展，关于计算、信息以及人工智能的哲学研究也在不断展开，并且已经深入到本体论层面。不过，作为一种认定实在世界在本性上是计算的本体论，也就是广义的计算主义，则首先在物理学的前沿领域得以呈现。

物理学家惠勒（John Archibald Wheeler）对 20 世纪的物理学研究

---

① 郦全民.关于计算的若干哲学思考［J］.自然辩证法研究，2006（8）：20.
② 郦全民:《用计算的观点看世界》，广州：中山大学出版社，2009 年，28 页。
③ 郦全民.关于计算的若干哲学思考［J］.自然辩证法研究，2006（8）：20.
④ 郦全民:《用计算的观点看世界》，广州：中山大学出版社，2009 年，31 页。

做了很多开创性贡献，同时对哲学也有着浓厚的兴趣。惠勒的思想历程可以明显地分为三个阶段：第一个阶段认为一切皆粒子，第二个阶段认为一切皆场，第三个阶段认为一切皆信息。第三个阶段可以说是开创了一种本体论的转向，即代表了从"实体本体论"向"信息本体论"的转向。这实际上也开启了哲学发展的新方向。惠勒认为，可能正是信息，构成了我们所知道的世界。或者说"万物源于比特"（It from bit）。①

物理学家斯莫林（Lee Smolin）认为，世界并不是由实体组成的，而是由发生事情的过程所组成的。基本粒子并不是的静态物体，而是相互作用的；在相互作用的过程中交换信息，并引发新的过程。

元胞自动机（Cellular Automaton）的创立者之一沃尔弗拉姆（Stephen Wolfram）在其巨著 *A New Kind of Science* 中则直接提出了"一切皆为计算"的主张。②

国内学者中，郦全民坚持"计算本体论"的主张；邬焜则一直致力于信息哲学的研究，并坚持"信息本体论"的主张。③

前文已经论述过，计算与信息组成了一组不可分割的概念对，每一概念的意义内在地包含在另一个概念之中；信息是静态的，计算则是动态的，计算变换信息。因此，从这个意义上来说，"计算本体论"近乎等价于"信息本体论"。

"计算本体论"也可以称之为"计算实在论"，"计算实在论"认为，从本体论意义上来说，实在本质上是计算的。④

---

① 比特（bit）是信息的最小度量单位。引用自肖锋. 本体论信息主义的若干侧面［J］. 江西社会科学，2011（3）：45.

② 肖锋. 本体论信息主义的若干侧面［J］. 江西社会科学，2011（3）：50.

③ 不同的商榷意见可以参考邓波. 信息本体论何以可能？——关于邬焜先生信息哲学本体论观念的探讨［J］. 哲学分析，2015（2）；以及肖锋. 本体论信息主义的若干侧面［J］. 江西社会科学，2011（3）；等等。

④ 郦全民：《用计算的观点看世界》，广州：中山大学出版社，2009 年，4 页。

哲学上的"实在"（Reality）通常有两种解释，一是把"实在"等同于"客观的"或"事实的"东西。按照这种看法，在我们的心智之外，存在着一个自主的、实在的世界，不因我们人类的出现而产生，也不因人类的离去而消失。这种信念构成了常识实在论的基础。二是把"实在"等同于"非还原的"或者"最基本的"东西。按照后一种看法，"实在"是某种不可再还原的存在物，而其他的事物都由其构成或派生。这条思路就是关于"实在"的终极形而上学概念，是形而上学所追问的。①

基于"本体论"的概念，本书避免从"存在论""万有论"或者"自然哲学""宇宙论"的角度去追溯"实在"的终极形而上学概念，故采用"实在"的第一种解释。

"本体论"即关于"是"以及"是者"的学说。② 在日常语言中的"是"，至少有六种不同的用法。

①表示同一性关系，例如"鲁迅是周树人"。

②表示种属关系，比如"大熊猫是哺乳动物"。

③表示事物的属性，例如"树叶是绿色的"。

④表示概念的还原，例如"基因是具有遗传效应的 DNA 片段"。

⑤表示占有角色，例如"陈某是校长"。

⑥具有"隐喻"（Metaphor）意义的用法。所谓的"隐喻"，通常是指从一个概念域（源域）到另一个概念域（靶域）的语义映射，借此来达到对后者的认识和理解。隐喻主要是基于概念所涉及对象之间的相似和类比。例如"家庭是一个细胞"。

---

① 郦全民：《用计算的观点看世界》，广州：中山大学出版社，2009 年，20－21 页。
② 俞宣孟：《本体论研究》（第三版），上海：上海人民出版社，2012 年，11－12 页。

　　"实在是计算"使用的是第六种用法，从实质上来说是一个具有隐喻性质的本体论命题。①

　　这一本体论命题并不是一个简单的描述，而是具有很强的理论意义与实践价值。前文中已经论述过丘奇－图灵论题，即"普适图灵机可计算任何能行可计算的函数。"1985 年，英国物理学家多伊奇（David Deutsch）将之扩展到物理系统，并提出了物理的丘奇－图灵原理：普适计算机可以以有限方式的操作来完美地模拟任何一个有限可实现的物理系统。其中，"有限方式的操作"指的是任意步骤中只有有限的子系统的运动，并且这些运动都依赖于有限的态和规则；"完美地模拟"指的是对于一个物理系统 A 和一台普适计算机 B 所构成的"黑箱"，在输入输出给定的情况下，A 和 B 在功能上无法区分。

　　物理的丘奇－图灵原理具有重要的科学意义。宇宙中的每一个物理系统（包括宇宙自身在内），从巨大的星系，到微小的原子系统，包括人脑等智能系统，都是有限的并且已经实现的；根据物理的丘奇－图灵原理，原则上都能由普适计算机以有限方式的操作来完美地模拟。（值得注意的是，理论上可实现通常并不等同于现实中可实现。通常情况下，理论上可实现与现实中可实现存在着很长的距离；现实中未能实现的原因通常在于，物理系统及其每个子系统的状态、运动及其规则等尚未被完全、清晰地了解，例如人脑等智能系统的运行，到目前为止，就尚未被完全清晰地了解。根据物理的丘奇－图灵原理，如果每个物理系统及其子系统的状态、运动以及规则等都可以被明确地描述，那么（从理想的角度来讲），该物理系统在现实中就可以被完美地模拟。）

　　从本体论意义上来说，如果物理的丘奇－图灵原理是正确的，那么任何一个有限可实现的物理系统（包括宇宙自身在内）都可以通过普

---

　　①　郦全民：《用计算的观点看世界》，广州：中山大学出版社，2009 年，23 页，32 页。

适计算的方式被完美地模拟，那么可以自然地引申出"实在是计算"这一本体论命题。"实在是计算"不仅是一个强有力的隐喻，更重要的是，我们可以利用其普适计算性来再现包括宇宙在内的物理系统的基本结构和演化过程，从而可以帮助人们更好地认识世界。①

"计算实在论"是在计算科学以及人工智能研究基础上提出的哲学反思，虽然存在诸多的争议，受到各方的挑战，但仍然是一个生命力旺盛的哲学研究纲领。

3. 认知计算主义

随着计算机与人工智能发展，哲学上也在对此进行不断的反思，于是出现了认知计算主义的观点。

认知计算主义是当代一种关于心智或认知的理论，是当代认知科学和人工智能中的主流研究范式。计算主义的基本思想是，认知过程就是计算过程。② 因此，结合前文中关于"计算实在论"的观点，可以将计算主义看作是认知科学与人工智能领域的"计算实在论"。

符号主义学派，例如纽厄尔、西蒙、麦卡锡等学者都坚持计算主义的观点，并在此框架下进行人工智能的研究。而联结主义和行为主义的研究无疑突破了传统人工智能的思想框架，但这是否意味着已经或者正在颠覆计算主义这一"研究范式"？

实际上，联结主义和行为主义等人工智能中的新学派并没有动摇"认知作为计算"的计算主义的基石，最多只是表明人们对计算的表述不准确、不完整，或者存在误解。在符号主义学派中，计算通常被抽象地理解为符号的形式操作，而实际上，任何一种计算都是一种具体的过程，与实现的物理系统不可分离。关于联结主义学派，并没有对计算主

---

① 郦全民：《用计算的观点看世界》，广州：中山大学出版社，2009 年，41–43 页。
② 程炼. 何谓计算主义［J］. 科学文化评论，2007（4）：5.

义构成挑战，因为人工神经网络的运行过程本质上就是一个个算法的实现，而且已经证明，它的计算能力也没有超出普适图灵机的范围。在行为主义学派中，布鲁克斯假设最基本的智能是自主体与环境的相互作用，而这种相互作用就是一个信息的接受、处理和输出的计算过程。因此，人工智能的新发展实际上没有对计算主义的核心思想构成威胁。①

四、人机协同系统本质上是计算系统

根据对"物理符号系统假设"新的解读，并从计算主义的立场出发，我们就可以论证：在本体论上，人机协同系统实质上就是一个计算系统。

如前所述，从高层次上看，构成人机协同系统的基本组元有两个，即人与计算机，而它们之间的连接就是人机交互接口。为了论证人机协同系统本质上就是一个具有一定功能的计算系统，我们可以从考察人与计算机这两个基本组元在其中所运作的方式出发。首先，在人机协同系统中，"人"并非是通常意义上的自然人，而是与计算机进行信息交换同时自身不断进行认知活动的"自主体"（Agent）。从计算主义的观点看，自主体的认知活动就是其心智获取、变换、存储和控制信息的计算过程；第二，在人机协同推理的过程中，起作用的计算机并不是作为硬件的"物理系统"，而是变换和存储信息的"符号系统"，也就是说，其中的过程也是处理信息的计算过程；第三，充当自主体的人与计算机之间的交互是通过信息的输入和输出来实现的，这实质上也是一个操作信息的计算过程。

---

① 郦全民：《用计算的观点看世界》，广州：中山大学出版社，2009年，143页。

因此，对于人机协同系统来说，其基本的机制就是人、计算机和通过人机交互接口而实现信息交互的信息处理或计算系统。更确切地说，人机协同系统从本质上来说是一个计算系统，而且是一个超越了单纯的人或单纯的计算机、可以实现更多功能，解决更多、更复杂问题的计算系统。从形象的角度来说，人机协同系统可以看作是一个由人和计算机构成的"分子团"，人和计算机则是构成这个"分子团"的原子。① 单个的原子并不具备分子所特有的功能，只有将不同的原子按照一定的方式组合、排列在一起，才能构成分子，并实现分子特定的功能。

当然，这样的人机协同系统的功能发挥，不仅取决于人和计算机分别担任的角色，而且与两者之间实现信息互动的方式密切相关。在实践中，如何有效地分配人和计算机的任务，以及如何在两者之间实现有效的协同，是系统设计者所首要考虑的问题之一。不过，从人机协同系统发展的趋势看，人在其中将越来越担当设定目标和决策的角色，而把具体的计算和推理任务交给计算机来实现，从而发挥人和计算机各自的长处，形成在功能上超越于两者的新的"认识主体"。②

---

① 郦全民：《用计算的观点看世界》，广州：中山大学出版社，2009年，209页。
② 关于这种新的"认识主体"的后续阐述，本书将在下一章做进一步的展开。

第六章

人机协同系统的认识论意蕴

在上一章的末尾，笔者已经指出，当人与计算机协同构成一个系统求解问题时，这样的系统可以看作是一类新的"认识主体"，由此，便可引出由人机协同系统所产生的一系列认识论问题：这种新的认识主体的出现，如何改变传统认识论中主体与客体之间的关系？对于人获取知识和展开实践活动有什么样的影响？我们应当如何看待和评价由人机协同系统所生成的知识？等等。在本章中，我们就来一一探究这些问题。

一、知识和认识论

1. 何谓认识论?

认识论（Epistemology），通常又被称为知识论（Theory of Knowledge）。关于"什么是认识论"这个问题，不同的学者有着不同的解答。一般认为，认识论是研究关于"认识"（认知）和"知识"的问题。①

从哲学史的角度考察，早在古希腊时期，哲学家们就开始了对认识论问题的研究。当时的哲学家们主要是从客体入手研究认识论问题的，

---

① 张东苏：《认识论》，北京：商务印书馆，2011 年，1 页。

侧重于探讨客体的规定性以及如何确定这种规定性。赫拉克利特
（Ηράκλειτος，Heraclitus）肯定认识的对象是自然界，同时区分了感觉
和思想者两种认识形式。感觉分辨事物，思想把握真理。在柏拉图看
来，认识的对象是理念世界，认识就是把理念知识回忆起来，即"回
忆说"的观点。亚里士多德肯定认识起源于感觉，他把灵魂比喻为蜡
块，感觉就是外在事物在蜡块上的痕迹。亚里士多德还论述了认识的发
展过程，认为知识起源于感觉，由感觉产生记忆；理性活动的任务就是
在个别中认识一般。①

到了近代，哲学经历了"认识论"的转向，笛卡尔（René Des-
cartes）一般被认为是近代认识论哲学的创始人。② 在 17、18 世纪，关
于认识论的研究在欧洲哲学中占据了中心地位。这一时期，哲学家们主
要是从主体方面入手研究认识论问题，侧重于对主体的认识能力、认识
方式、认识方法以及认识的真理性的研究。自我和外部世界、外在经验
和内在经验、感性和理性的关系以及理论的形成与发展，成为认识论研
究的主要问题。这时，又提出了寻找绝对可靠知识的任务，试图把这种
知识作为其他一切知识的出发点和评价标准。哲学家们为了解决这些问
题，选择了不同道路，导致了唯理论（Rationalism）和经验论（Empiri-
cism）的产生。笛卡尔、斯宾诺莎（Baruch de Spinoza）以及莱布尼茨
等唯理论者认为，只有理性才能获得真理，理性认识是唯一可靠的。培
根、霍布斯（Thomas Hobbes）、洛克（John Locke）和伽森狄（Pierre
Gassendi）等经验论者则表示了明确的反对，他们把认识的来源归结为
感觉经验，认为只有通过感觉才能认识世界，获得知识；经验知识才是
唯一可靠的。康德（Immanuel Kant）认为唯理论和经验论各有其片面
性，他提出，知识有两个来源，一是构成知识内容的感觉材料；二是先

---

① 齐振海：《认识论探索》，北京：北京师范大学出版社，2008 年，13－14 页。
② 贺来．"认识论转向"的本体论意蕴［J］．社会科学战线．2005（3）：1．

验（不依赖于经验）的认识形式。知识就是由感性和理性综合的结果而产生的。同时，康德提出了"先天综合判断"，来保证知识具有普遍必然性。黑格尔（Georg Wilhelm Friedrich Hegel）则力图把思想和存在、主体和客体统一起来，阐述了思想和存在、主体和客体的辩证关系，并把认识看做是一个发展的过程。① 费尔巴哈（Ludwig Andreas Feuerbach）和马克思（Karl Heinrich Marx）等人则发展了唯物主义的认识论，他们承认客观真理的存在；但是，人们在认识上并不能直接达到客观真理，只能逐渐加以认知，逐渐向之接近。②

2. 知识及其类型

认识论（Epistemology）是研究关于"认识"（认知）和"知识"的问题，而从较为宽泛的意义上来说，知识可以看作是认知活动或过程的产物，表明知识概念与认知概念密切相关。因此，认识论也可以认为是对"认知"的研究。不过，认识论是哲学的一个分支，故这种研究更多是在规范意义上，而不是在实证意义上，这就表明其与认知科学或认知心理学等的具体科学研究不同。

在规范的意义上研究知识或认知首先需要面对的问题是：究竟什么是知识？对此，古今中外的哲学家和思想家给出了各种不同的回答，哲学家所理解的知识概念，与普通人在日常生活和工作中所使用的往往存在着较大的差异，不同学科中所使用的知识概念的涵义也不尽相同。当看出，"知"和"识"在涵义上相重叠，共指"知道"，从词性上说为动词，对应于英文的"know"。

不过，我们现在常用的"知识"一词，则属于名词，是英文"knowledge"的中文翻译。这样看来，为了理解"知识"的涵义，我们

---

① 齐振海：《认识论探索》，北京：北京师范大学出版社，2008 年，14 页
② 范寿康：《哲学通论》，武汉：武汉大学出版社，2013 年，60 页。

需要先看一看在西方文化中，它所意指的究竟是什么。在西方哲学的传统的认识论研究中，知识被定义为——得到辩护的真信念，即，"一个人知道某事 P，当且仅当（1）她相信 P，（2）P 是真的，并且（3）她的信念得到了辩护。"① 一般认为，这个定义是由柏拉图给出的。根据这一定义，知识是一种信念，但不是所有的信念都可以叫做知识，只有那些得到了辩护的真信念才符合这一称谓。比如说，有人相信"中国的人口数量超过 13 亿"，但这还不算是关于中国人口数量的一种知识。只有中国的人口数量确实超过 13 亿，而且是通过人口普查统计出来的，也排除了统计的不准确（得到辩护），才可以认定"中国的人口数量超过 13 亿"这一信念是知识。

在哲学史上，关于知识的这一定义流传了两千多年，似乎很少有人提出质疑。而在当代认识论的研究中，已经很少有人再坚持这种观点了，原因有很多。美国哲学家盖梯尔（Edmund Gettie）就提出了著名的"盖梯尔问题"——即使是满足上述三个条件的信念也不一定就是知识。② 其实，常识也告诉我们，知道什么并不等于相信什么：一个人知道某个信念，但并不一定会相信它，反之亦是如此。因此，用"得到辩护的真信念"来定义知识并不恰当。另一个反对的理由则是，传统的关于知识的定义只考虑了具有真假的命题性知识，而知识并不能简单地理解为命题性知识，实际上，还有技能性知识。对于一个认知者或行动者来说，技能性知识和亲知同样必要，甚至可以说，技能性知识更为基本。技能性知识与亲知通常并不能转化为命题性知识，也难以用语言来表达。

基于上文的论述，我们认为，有必要从新的角度来诠释知识的概

---

① 约翰·波洛克（John L. Pollock）、乔·克拉兹（Joseph Cruz）：《当代认识论》，陈真译，上海：复旦大学出版社，2000 年，16 页。

② Edmund Gettier: "Is Justified True Belief Knowledge?" *Analysis*, 1963. v. 23.

念。一条可行的进路是，将知识与认知或认知过程联系起来加以分析，这是因为，知识正是认知与认知过程的产物。在认知过程中，我们可以获得所探询对象的信息或者形成关于对象的观念、身体或心理的图式，而这些信息、观念和图式可以统称为知识。通过认知活动得到的知识，既包括命题性的知识，也包括技能性的知识，其评价的标准既可以是真假，也可以为是否有效，从而更符合人们对知识的直觉，也可以避免将知识定义为命题性知识的局限。在本书关于知识的讨论中，我们将使用这种较为宽泛意义上的知识的概念。

那么，在这种较宽泛的意义上看，知识又有哪些基本类型？如果撇开对于终极来源的形而上学追问而从实际存在的状况出发，可以确认，人类的知识具有相对独立的三个来源：（1）由感知过程所产生的知觉知识。看到河边的青草呈现绿色；听到马路上汽车的马达声；尝尝未熟的葡萄，觉得酸溜溜的；如此等等中，所获得的便是知觉知识。（2）由行动过程所产生的技能知识。学习游泳，知道了如何做各种动作；学习骑自行车，知道了如何保持平衡；学玩电子游戏，知道了如何摆布各个按钮，等等，从中学到的就是技能知识。（3）由思想所产生的概念或命题知识。$1+1=2$，原子由原子核和电子组成，社会发展是有规律的，等等，就属于这类知识。①

事实上，在大多数人类的认知活动中，这三种知识并不是互相独立的，而通常会同时呈现。② 而且，在具体生成知识的过程中，三者之间也是相互关联的，例如，许多概念知识通常来源于知觉和行动知识；从

---

① M. Bunge 曾做过这样的分类，见 M. Bunge, Treatise on Basic Philosophy Vol 5, Dordrecht：D. Reidel Publishing Company, 1983, p72.

② M. Bunge 认为，如果在这三个知识来源中，只认定一个而排斥其余两个，便出现了认识论史上的三种主义，即主张知觉是知识的惟一来源的经验主义，主张行动是知识惟一来源的实践或实用主义和主张思索是知识惟一来源的理性主义。见 M. Bunge, Treatise on Basic Philosophy Vol 5, Dordrecht：D. Reidel Publishing Company, 1983, pp. 72 – 73.

另一个角度来说，概念知识通常也能够改进知觉和行动知识。

以上的划分是根据知识的来源。如果采用是否可由语言加以表达，知识又可以分为明述知识和默会知识。① 凡是可以通过语言表达的，就是明述知识，这也就是通常所说的命题知识；而默会知识则是指无法用语言表达的那部分。

2. 认识论研究的主要问题

认识论主要研究的是关于认知和知识的问题，但究竟研究认知和知识的哪些方面，不同的学者往往会有着不同的见解，并且，随着时间的推移和研究的进展，认识论涉及的问题也在不断发生变化。

在中国近现代，一些哲学家已经对认识论的基本问题进行过阐述，例如张东荪认为，认识论主要讨论四个问题：（1）知识的由来——知识是习得的，还是天生的？（2）知识的性质——知识的内容的性质问题（3）知识与实在的关系——知识的对象是外在的还是内在的？（4）知识的标准——知识的真假如何区分？②

到了当代，特别是盖梯尔问题提出以来，哲学家们更倾向于认为，当代认识论研究主要包括以下的问题：（1）何谓知识？即盖梯尔问题的延续。（2）知识的辩护问题。在何种条件下，知识可以得到辩护？（3）知识的评价问题。知识是否受到社会、历史、伦理等问题的影响和制约？（4）自然科学的发展（尤其是认知心理学、人工智能）是否影响认识论的研究？③

从历史的角度看，自从近代科学诞生以来，人类所建构的知识大厦

---

① 在本章的后续内容中，对此有专门的阐述。
② 张东荪：《认识论》，北京：商务印书馆，2011年，1页。
③ 参考自王新力：《认识论》（余纪元、张志伟主编：《哲学》，北京：中国人民大学出版社，2008年，2页）。

中，越来越多的成分是科学以及基于科学的技术知识。与以往人类所获取和积累的普通知识相比，科学知识更为系统化和理论化，并且其描述和解释自然的范围和深度已经远远超于人类的感官直接所及。之所以如此，一方面是人类发明了许多仪器（如望远镜、显微镜）和设备，从而开展了认知的范围，另一个通过提出假设并运用数学来刻画实在的结构和变化过程。因此，科学认知和科学知识的产生和进步，丰富和发展了认识论的研究。

作为科学技术高度发展的产物，人工智能和人机协同系统无疑引起了认识论研究的新问题：首先体现在认识主体、认识客体和认识中介发生了深刻的变化，其次，则体现在知识的获取、知识的辩护、知识的评价以及知识与人的行动等方面。以下一一进行阐述。

二、认识主体和认识客体的变化

按照传统的认识论，认识活动由认识主体、认识客体和认知中介组成。认识主体通常是指从事认识活动的人；认识的客体通常是指人的认识活动所指向的对象；认识中介则是指认知主体进行认知活动所使用的认识工具和媒介。

1. 认识主体的变化

计算机出现之后，特别是人工智能的不断发展，人类的认知活动发生了巨大的改变。这种改变之一就是我们需要对认识主体的内涵进行重新思考。

根据传统的认识论，在目前的人机协同系统中，计算机或人工智能系统并不是处在认识主体的地位，而是作为充当认识工具的中介。不过，如果在认识过程中，知识的获取和辩护是由人与计算机的推理能力形成一个整体而实现，并且如果这个过程离开了计算机的参与，则计算、推理和决策等任务实际上无法由人单独完成。在这种情况下，从人机协同系统与认识客体的关系来看，将其视作一个从事认识活动的整体显得更为恰当。从这个意义上说，人机协同系统就是一个新的认识主体。

实际上，随着人类认知能力和认知机制的不断外化，人类创造的人工智能系统已经可以独自承担一定的认识活动，有的人工智能系统已经能够独立地发现人类迄今从未知晓的科学定律。① 因此，在一定意义上，人工智能系统已经或正在形成全新的认识主体。

不过，在实际应用中，如果人机协同系统并非单单作为展开认知活动的主体，而且是具有控制或行为输出的行动者，则在哲学上就会出现不同的情况。这是因为，倘若人机协同系统的行为具有外部效应，特别是当对他人和社会产生不利或有害的影响时，究竟应该由谁（单独的人还是人机协同系统）承担责任就成为一个不可违避的伦理问题；该问题将会在下一章中继续讨论。

2. 认识客体的改变

人类对世界的认识是一个由少到多、由近及远、由表到里的过程，即认识客体的范围不断扩展的过程。计算机和人工智能体的出现，有力地推动了认识客体范围的扩展。② 就人机协同系统而言，以往人类难以或不能科学地认识的系统，特别是那样具有突现性质的复杂系统（如天气系统、金融市场），就可以成为其解释、预言甚至控制的对象，因

---

① 郦全民. 科学哲学与人工智能 [J]. 自然辩证法通讯，2001（2）：21.
② 张守刚、刘海波：《人工智能的认识论问题》，北京：人民出版社，1984年，218 - 220页。

而开展了认识客体的范围。

三、基于人机协同系统的知识获取

1. 知识获取问题

鉴于人机协同系统对于人类认识世界的改变很大程度上体现在知识获取方面，因此，接下来着重探讨这个问题。

所谓知识获取（Knowledge Acquistion），就是把专家或者文献中针对某个问题求解的专门知识提取出来，然后转换成计算机系统内部表示的过程。知识获取在专家系统的开发过程中最为关键，所消耗的人力和物力也最多。

根据人工智能系统所具有的推理能力的不同，知识获取大体有三种方法：即人工获取、半自动获取以及自动获取。（1）人工获取。即知识工程师和领域专家将专门知识经过分析、综合、整理后以某种表示形式存入知识库。（2）半自动获取。即利用专门的知识获取系统，采取提示、指导或人机交互的方式，把专家描述的内容转换成所需的知识形式，并载入知识库。（3）自动获取。自动获取可以分为两种形式：一是系统本身具有自学习能力，使系统在运行过程中自动总结经验，修改和扩充自己的知识库；另一种形式是开发专门的机器学习系统，让机器自动从实际问题中获取知识，并填充知识。① 在人工智能以及人机协同系统发展中，知识获取方式开始由人工获取逐步向自动获取方式转变。尤其是机器自主学习的能力已经得到了飞速的发展。

---

① 高华，余嘉元. 人工智能中知识获取面临的哲学困境及其未来走向［J］. 哲学动态，2006（4）：45.

2. 知识获取面临的困境

作为人工智能三大学派之一，符号主义学派在知识获取问题上面临着以下三个困难：第一个困难是，在研制专家系统时，知识工程师要从领域专家那里获取知识，并没有统一的方法可供遵循。第二个困难在于如何将知识精确地形式化。最后一个困难在于，常识的运用。德雷福斯（Hubert Dreyfus）就认为，常识问题似乎总体上抵制人工智能处理它的企图。① 在日常生活和工作中，人们可以运用积累的常识来有效地解决各式各样的问题，但是要将常识赋予计算机却无比地艰难，一个几乎不可逾越的关口就是如何将常识形式化。② 最后，任何专家系统在处理问题时都需要大量的背景知识，而背景知识本身就具有很强的不确定性和模糊性，也难以精确地形式化。

总之，符号主义在面对如何将常识和背景知识形式化的问题时，存在着诸多的困难。为了克服符号主义的缺陷，联结主义和行为主义开始发展起来，③ 并且在知识获取方式上取得了一定的成效。

3. 知识获取的出路

人机协同系统主要继承自符号主义，不可避免地遇到符号主义的困境；现在关于人机协同系统的研究也在不断地吸取联结主义、行为主义的优点，因此可以更好地处理知识获取问题。

今后，人机协同系统在面对知识获取问题时，可能会在以下几个方面取得进展：

---

① 高华，余嘉元. 人工智能中知识获取面临的哲学困境及其未来走向 [J]. 哲学动态，2006（4）：46-47.
② 郦全民：《用计算的观点看世界》，广州：中山大学出版社，2009年，138页。
③ 关于符号主义、联结主义以及行为主义的具体介绍，可参见本书第二章第三节的内容。

（1）基于机器学习的知识获取研究，关注机器学习的研究，增强机器自动获取知识的能力。

（2）研究能处理不确定性信息（包括模糊的与随机的）与不完全信息的归纳推理和获取机制。

（3）基于当代计算机科学和技术，加强对知识获取的算法（结合并行、遗传算法）、环境与自动获取技术的研究。①

四、人机协同系统与知识辩护

前文已经论述过，盖梯尔认为，即使是"得到辩护的真信念"，也并不是构成知识的充分条件；然而，这意味着知识就不需要得到辩护了吗？答案当然是否定的，试想，如果我们日常生活中所使用的常识，以及科学理论、科学知识等都不能得到充分辩护的话，那么无疑会动摇人类文明乃至整个人类社会的认知基础。

回顾西方哲学关于认识论发展的历史，可以说，一方面，认识论是为了维护科学研究和科学知识存在的正当性的时代需要；另一方面，认识论也是出于寻求对科学知识的客观性和有效性的论证和解释。② 因此，我们认为现代认识论研究的主要功能是辩护性的。这样的辩护是不是就意味着科学知识就是不容置疑的绝对真理？答案只能是否定的。首先，科学知识的可能性和科学研究的发展并不依赖于这种认识论性质的辩护；其次，西方认识论发展的历史也表明这种终极的辩护是不可能给

---

① 高华，余嘉元. 人工智能中知识获取面临的哲学困境及其未来走向 [J]. 哲学动态，2006（4）：50.
② 黄颂杰，宋宽峰. 对知识的追求和辩护——西方认识论和知识论的历史反思 [J]. 复旦学报（社会科学版），1997（4）：56.

出的。①

实际上，科学知识并不是绝对真理，科学知识的"真"只能是"似真"，这也就意味着科学知识是可错的。② 科学知识并非是不容置疑的绝对真理，同时，科学知识的正当性与合理性又需要得到辩护，那么人机协同系统是如何对科学知识进行辩护的？

笔者认为，人机协同系统的应用一方面可以使得科学认知的过程得到很好地模拟与控制，另一方面则可以促进科学认知、科学实验的精度不断提高，从而使得科学知识与科学理论更加具有确信度。

人机协同系统可以使得科学认知的过程得到很好地模拟与控制，主要指的是计算机模拟（Computer Simulation）。计算机模拟又称为计算机仿真，指的是应用计算机对系统的结构、功能和行为等进行动态、逼真的模仿。

在计算机上实现对系统的模拟与仿真，其原理可以归结为前文中所提到的"物理的丘奇－图灵原理"——每个有限可实现的物理系统都能由一个普适计算机以有限方式的操作来完美地模拟。宇宙中的每一个物理系统（包括宇宙自身在内），从巨大的星系，到微小的原子系统，包括人脑等智能系统，都是有限的并且已经实现的；那么根据这一原理，原则上都能由计算机以有限方式的操作来完美地模拟。

计算机模拟首先应用在军事领域，例如用计算机模拟核爆炸的过程；后来则不断向科学、技术、生产、生活等领域扩展。以科学研究过程为例，物理学家可以在计算机上精确地构建原子、分子的基本模型，并再现不同原子、分子之间发生物理反应以及化学反应的过程。生物学家则可以在计算机上构建与现实世界高度类似的生态系统，并动态监测

---

① 黄颂杰，宋宽峰. 对知识的追求和辩护——西方认识论和知识论的历史反思［J］. 复旦学报（社会科学版），1997（4）：56－57.
② 郦全民. 科学知识与理性行动［J］. 华东师范大学学报（哲学社会科学版），2011（6）：12－13.

该生态系统的发展、演变过程；等等。通过计算机模拟，科学家们不仅可以在计算机上逼真地再现科学实验的变化过程，而且可以通过改变初始值、调整参数等方式，对科学实验进行更好地控制。计算机模拟技术具有经济、安全、可重复以及不受气候、场地、时间限制等优势，被称为除理论推导和科学实验之外的人类认识自然、改造自然的第三种方式。

人机协同系统也可以促使科学认知、科学实验的精度不断提高。以天气预报为例，最初的天气预报只能通过肉眼的观测以及常识的推断来进行预测，其准确率与精确性远远不能保证。随着计算机的发明以及人工智能的发展，天气预报专家系统开始出现并逐渐完善起来。天气预报专家系统的运行，简单地说，需要有实时、准确的气象信息作为输入，例如某地的气压、温度、湿度、气象云图等；而推理机则不仅需要处理大量的气象数据，更需要保证快速的处理能力；最后推理机将数据处理结果输出，即某地未来某时的天气预报。① 现在的天气预报已经发展到了相当精确的程度，不仅可以预测某地未来 24 小时的天气情况，甚至可以预测到一周乃至两周之后的天气状况——这在之前几乎是不可想象的。

总而言之，人机协同系统可以使科学认知的过程得到很好地模拟与控制，并且可以促进科学认知、科学实验的精度不断提高，从而使得科学知识与科学理论更加具有确信度。这也就是说，人机协同系统可以使人类更好地认识世界。

---

① 可参考：周曾奎. 江苏省综合天气预报专家系统［J］. 气象，1993（8）：22 – 28. 以及吴国盛：《科学的历程》（第二版），北京：北京大学出版社，2002 年，542 页。

五、人机协同系统与人的行动

应当说，人机协同系统可以增进人们对于世界的认识与理解，从而更好地指导人们的行动。

1. 认知能力加强

随着人工智能的发展，人工智能系统可以模拟人的部分智能，代替人处理一些相当繁重的计算和推理工作；从而可以将人解放出来，使人们可以将更多的时间和精力投入到发现和创造性工作上去。人机协同系统就是最好的例证。目前，在科学研究领域，人机协同系统将科学研究工作者与人工智能系统结合在一起，与科学家个体或群体相比，人机协同系统在发现能力和创新能力等许多智能行为上表现得更强更广；从而大大改变了传统意义上的科学研究过程，促进科学研究活动的更快、更高效地发展。[①]

可以说，人机协同系统能够在一定程度上弥补人类智能的不足，克服人类智能的局限性，从而大大提高了人类认识世界与改造世界的能力。[②]

2. 更好地认识人类自身的认知活动

在人机协同系统中，由于人与计算机（人工智能系统）在智能方面具有某些相似性与互补性，因此可以将人工智能系统研究的成果迁移

---

① 郦全民. 科学哲学与人工智能［J］. 自然辩证法通讯，2001（2）：21.
② 褚秋雯. 从哲学的角度看人工智能［D］. 武汉理工大学，2014：28.

到人的智能研究上来。例如可以从外部研究和模拟人的智能，从而为人类认识自身提供了新工具和新方法，因此可以更好地认识人类自身的智能与认知活动。①

---

① 陈安金. 人工智能及其哲学意义［J］. 温州大学学报，2002（3）：8 - 9.

第七章

人机协同系统的价值论问题

在前面两章中，笔者主要从本体论和认识论的角度，探讨了人机协同系统的哲学问题与哲学意义。而从哲学研究的系统性来说，这样的探讨是不完整的。也就是说，我们还需要从价值论的角度来进一步分析人机协同系统的存在价值，特别是对人类生存和发展方式的影响。在本章中，笔者将首先论述价值与价值论问题，其次，则系统地论述人机协同系统如何提升人的价值，以及对文化进化的作用。最后，则重点探讨人机协同系统可能存在的风险以及人们所应当采取的对策。

一、价值与价值论

1. 何谓价值论？

价值论（Axiology），与本体论和认识论类似，都是哲学研究的基本分支。价值论，即主要研究关于"价值"的哲学问题。

那么，什么是"价值"？"价值"（value），从词源上讲，来源于古代的梵文与拉丁文，本意是指"掩盖、加固、保护"；后来的"价值"一词，则是从"对人有维护、保护作用"的含义演化而来。在汉语中，"价值"是一个后起的概念，晚于一些具体的价值概念（"真""善"

"美""利"等）而出现。张岱年先生认为，在古代汉语中，与"价值"一词含义相对应的是"贵"。①

在历史与现实中，"价值"都是一个应用广泛的词语；其含义也十分宽泛，诸如用来表达"好或坏""真或假""善或恶""美或丑""有用或无用"等等。如今，哲学家们主要"立足于主体和客体的关系来考察价值"，一般认为，"价值"指的是"客体对主体的意义"。② 其中，"主体"（Subject）是指认识者、实践者，或者任何对象性活动的行为者本身；主要指人。"客体"（Object）则是相应的认识的对象与实践的对象。③"意义"（Meaning）则另是一个应用宽泛的概念，有人就列举了"意义"的16种含义，加上派生的，有23种之多。袁贵仁将价值论中的"意义"理解为作用或者效用。④

2. 价值论的研究史

价值论作为一个学科分支的历史形成，是自古以来，哲学经过高度分化之后，各种具体学科日渐成熟，并在实践中开始走向新的综合的产物。价值论产生的直接基础，来自于哲学的两大部门伦理学和美学的变革，即伦理学（Ethics）元理论研究（元伦理学，Meta‐ethics）和美学（Aesthetics）元理论研究（元美学，Meta‐aesthetics）的形成。

古代哲学的研究已经明确地包含了关于善和美的追求和思考；伦理学和美学也因此而发展起来。到了18世纪，休谟（David Hume）和康德先后提出了事实判断与价值判断、实然世界与应然世界、事物的因果

① 孙伟平：《价值哲学方法论》，北京：中国社会科学出版社，2008年，52页。
② 陈新汉. 当代中国价值论研究和哲学的价值论转向［J］. 复旦学报（社会科学版），2003（5）：61.
③ 李德顺：《价值论》（第2版），北京：中国人民大学出版社，2007年，41页。
④ 袁贵仁：《价值观的理论与实践——价值观若干问题的思考》，北京：北京师范大学出版社，2013年，18‐21页。

性与人的目的性的划分。这种区分后来多用"存在与价值"或"事实与价值"来表示。休谟和康德实际上确立和推广了价值的概念，使之具有了哲学上的意义。这一确立首先在美学的发展中得到了反响。18世纪中期，德国哲学家、美学家鲍姆加登（Alexander Gottlieb Baumgarten）把美学定义为"关于审美价值的科学"，标志着美学进入了元理论研究的层次。

价值的概念也被引入到伦理学之中。德国哲学家洛采（Rudolf Hermann Lotze）根据康德的划分提出，要把价值和评价放到哲学研究的中心地位。他的学生文德尔班（Wilhelm Windelband）为了实现这一想法，试图构造一种"价值哲学"。20世纪初，英国哲学家摩尔（George Edward Moore）撰写出了《伦理学原理》，提倡对"善"的语言分析，并以"价值直觉主义"的观点开始了"元伦理学"的研究。①

在此期间，哲学本身也酝酿了价值论的独立。美国哲学家乌尔班（Wilbur Marshall Urban）1909年发表了《评价：其本性和法则》一书，正式提出了"价值论"（Axiology）一词，用以区分"认识论"（Epistemology），专门用来指称"认识论"所未涵盖的对价值的认识，即评价。② 这是价值论出现最早的记录。

可以说，在伦理学研究和美学研究基础上诞生的价值论，继本体论和认识论之后，已经成为了哲学领域另一大基础理论分支。

3. 价值论研究的问题

价值论研究的主要问题包括：（1）什么是价值？（2）价值评价的标准是什么？（3）价值与真理的关系；（4）价值与实践的关系；等等，

---

① 李德顺：《价值论》（第2版），北京：中国人民大学出版社，2007年，4-5页。
② 冯平，陈立春. 价值哲学的认识论转换——乌尔班价值理论研究 [J]. 复旦学报（社会科学版），2003（5）：67.

而其中的核心问题则是客体对主体（人）的意义问题。

在本书中，人机协同系统的价值论主要讨论的则是客体（人机协同系统）对主体（人）的意义和产生的影响。具体讨论以下三个方面的内容：（1）人机协同系统如何提升人的价值；（2）人机协同系统对文化和社会的促进作用；（3）人机协同系统所蕴含的风险以及对策等等。

二、人机协同系统如何提升人的价值

在人机协同系统中，一方面，计算机可以替代人类做非常繁重的计算与推理工作，极大地节约了人们的时间与精力；人们可以将时间与精力投入到更多的、富有创造性的工作上去。另一方面，人们可以有更多的时间和精力去创新或改进计算机的硬件、程序以及网络环境，从而可以使计算机具备更多、更强大的功能。人与计算机相互协同，相互促进，这使得人与计算机形成了一种"正反馈"的关系；人与计算机所构成的人机协同系统也因此而处在一种不断发展和完善的过程中，可以具备更强大的功能，并可以解决现实世界中更多、更复杂的问题。

概括地说，人机协同系统对于人类的解放和提升体现在以下几个方面：

（1）人机协同系统节约了人们的时间与精力；

（2）人机协同系统提升了人们的创造性；

（3）人机协同系统可以解决现实世界中更多、更复杂的问题；从而能够不断地拓展人类的生存空间，改善人类的生存环境，提升人类的生存水平。

三、人机协同系统对文化进化的作用

人类从诞生直到现在，实际上一直处在不断进化的过程中。人的进化可以分为两种：一种是生物进化，另一种则是文化进化。就生物进化而言，人的进化实际上非常缓慢，现代人类的基因和脑容量与一万年前的人类相比，并没有本质的区别。而文化进化则不同，文化进化是人类所特有的现象，是人类创造并外化知识的结果。人类的文化进化其实非常迅速，尤其是自近代工业革命以来，文化进化的速度几乎呈现指数级增长的态势；而当今社会的文化也在不断朝多元化、复杂化方向发展。

认真分析人类社会文化进化的过程，可以明显地注意到两个特点：一是个体的文化进化与社会的文化进化紧密联系，相互影响；另一点则是人在创造和外化知识的过程中，除了依靠自身的认知行为能力以外，也经常借助于各种工具的帮助——人机协同系统就是一个很好的例证。

1. 个体进化与社会进化

从个体与社会的角度来说，人本质上是所有社会关系的总和。人不可能脱离社会而存在，个体的进化与社会的进化也因此而紧密地关联起来。一方面，每个个体来到这个世界上，就必然处在一定的社会环境中，就可以凭借自身的学习以及他人的教育，从社会中获取前人以及他人所外化的知识，从而成为一个文化意义上的人。另一方面，每个人只要运用自身的认知与行为能力，在已经获取的知识的基础上，将于自然环境以及与他人相互作用所产生或创造的知识外化，就已经改变了社会环境，并对人类社会的进化产生了影响。于是，在个体文化进化与社会文化进化之间建立起了一种正反馈的关系。①

2. 专业化与工具化对文化进化的作用

随着文化世界的不断膨胀，社会结构也愈发复杂，对于个体来说，造成的压力也就越来越大。这是因为构成文化世界的知识（诸如科学知识、工艺技能等）是需要继承的；个体首先需要继承文化世界中已有的知识，在此基础上，才有可能对文化有所贡献或者对社会的进化施加影响。继承知识的过程，是需要通过学习来达到的。然而，个体的学习能力很大程度上受生物自身智力的支配，不可能突然增强；因此，剩下的选择就只能是延长学习时间。当今社会中，个体的学习主要是通过系统的学校教育来实现的，于是受教育者的学习期限也在不断地延长。但是，个体的生命是有限的，并且个体的学习能力也会随着年龄的增长而衰退，因此，延长学习时间不是解决问题的唯一出路。

实际上，还存在着其他两种重要的方式：一种方式是分工的专业化，另一种方式则是发明和使用各种能够增强学习能力的工具。

对于社会中的人来说，个体的能力和资源总是有限的，所以在社会内部实行专业分工，从而实现个体之间的协同进化和社会整体的文化进化似乎也是非常自然的。在人类社会的不同发展阶段，这种专业分工的程度存在着很大的差异。例如在我国的封建社会历史中，长期实行的是"日出而作，日入而息，凿井而饮，耕田而食"的自然经济，专业分工的程度很低。到了工业革命之后，这种专业分工的程度才得以大大提高。

在社会结构中专业分工程度的提高，意味着如果个体希望通过从事某种职业而生存，除了必需的基本知识与专业知识以外，就不一定需要

---

① 郦全民：《用计算的观点看世界》，广州：中山大学出版社，2009 年，206 页。

掌握其他知识；而实际上，面对如此庞杂的文化世界，也不可能全部掌握。所以，在个体学习中实行专业化是明智而又被动的选择。

在人类社会进化的过程中，个体所具有的知识以及技能逐渐地专业化了，这就要求人们之间相互协同，优势互补；否则，人类的许多认知任务和满足人类需要的许多工作劳动将无法实施。所以，专业化与个体之间的协作是相辅相成的。在文化进化的过程中，人类发明了许多用于个体之间信息传播和交流的工具，例如电话、手机、互联网、电子邮件等，而这些工具所起到的一个重要作用就是加强个体之间的协作或协商。①

在文化进化的过程中，人们为了解决文化世界的膨胀与个体固有的学习能力的局限，发明了多种多样旨在提高或增强学习能力的工具。例如，纸张在一定意义上就是提高学习能力的一种工具，可以帮助学习者保存学习过程中产生的中间和最终结果，起到人的记忆的部分功能。收音机、电视机这样的媒介工具，如果使用得当，也有增强学习能力的功效。此外，各种学习机、电子辞典等，在一定程度上也能帮助使用者提高学习语言的能力。②

3. 人机协同系统对文化进化的作用

上文中提及的纸张、收音机、电视机、学习机等工具，可以被认为是外化了人类的感觉器官以及心智功能的工具，这些工具不仅增强了个体的学习能力，而且有效地提高了人们获取信息、吸收知识的能力。

在与人相互协同创造知识的工具中，计算机无疑是最重要的发明。计算机不仅可以在一定程度上模拟人类的认知能力，而且可以凭借高速、精准的计算、推理水平增强这些认知能力。所以，自从计算机问世

---

① 郦全民：《用计算的观点看世界》，广州：中山大学出版社，2009 年，206 – 207 页。
② 郦全民：《用计算的观点看世界》，广州：中山大学出版社，2009 年，208 页。

以来，人类认识世界的能力大大地提高了，相应地，自然科学和社会科学都取得了长足的发展。而人与计算机相互协同——人机协同系统已经在医学、气象学、地质学、天文学等研究领域得到了广泛的应用，极大地促进了文化的进化。

尤其需要指出的是，在一些科学研究领域，科学研究工作者与人工智能系统结合在一起组成的人机协同系统，可以说是一种全新的智能系统；与科学家个体或单纯由这些个体所组成的群体相比，人机协同系统在许多智能行为上表现得更强更广（例如发现能力和创新能力），将大大改变传统意义上的科学研究过程，促进科学研究活动的更快、更高效地发展，从而可以更好地促进文化的进化过程。①

四、人机协同系统的风险与对策

1. 弱人工智能与强人工智能

随着人机协同系统的发展，人与计算机协同合作，不仅可以更好、更高效地处理各种各样的问题；另一方面，随着计算机技术与人工智能的发展，计算机的计算水平、推理水平，以及学习能力、智能水平也在不断进步之中，因此可以更好地替代人类做各种不同的繁重的工作，从而将人从各种任务处理中不断的解放出来。

那么，随着人工智能与人机协同系统的发展，一个可能需要面对的问题是：人工智能会不会完全达到人类的智能水平，甚至超越人类？如果人工智能水平会达到，乃至超越人类的话，人类将如何从价值、道德以及伦理的角度解决这个问题？

---

① 郦全民：《用计算的观点看世界》，广州：中山大学出版社，2009 年，208 页。

对于第一个问题，涉及的是弱人工智能与强人工智能的分歧。[1] 弱人工智能一般认为是人们给计算机设定求解目标，并设计算法，计算机根据求解目标，遵循已知算法，最后得出求解结果。强人工智能则更进一步，认为计算机有自主学习的能力，将（可能）会有意识与自我意识，可以自行设定目标，自行设计算法，并自行得出求解结果。

坚持弱人工智能的专家学者们认为：能真正地进行推理和解决问题的智能机器是不可能被制造出来的。因为机器只能执行人的指令，其被赋予的某种智能是被设定的。与之相反，坚持强人工智能的学者们认为真正能进行自主推理和解决问题的智能机器是可以被制造出来的，并且机器能够进行思考。[2]

大多数人工智能专家认为，弱人工智能当然是可以实现的，并且实际上也在不断实现的过程中。对于强人工智能，专家的分歧就比较大了，有些人赞同，有些人反对。通常来说，反对强人工智能的理由主要集中在一点上：机器并不具备意向性（Intentionality）。[3] 所谓意向性，是一个非常重要而又充满争议的哲学概念。通常认为，意向性是人类心智状态的基本特征，意向性代表着人类具有的信念、愿望或者意图。一些哲学家就认为，意向性是人类所特有的心智属性，机器并不具备这种意向性。[4] 同时，一些专家认为，机器不具备意识，无法体验到情感。

2. 塞尔的"中文屋"

为了反驳强人工智能的主张，著名的美国哲学家塞尔（John Sear-

---

[1] 本书第二章中已经初步讨论过这个问题，具体内容请参见第二章第五节。

[2] Stuart J. Russell, Peter Norvig 著，殷建平、祝恩、刘越、陈跃新、王挺译：《人工智能——一种现代的方法》（第三版），北京：清华大学出版社，2013 年，851 页。

[3] Stuart J. Russell, Peter Norvig 著，殷建平、祝恩、刘越、陈跃新、王挺译：《人工智能——一种现代的方法》（第三版），北京：清华大学出版社，2013 年，856 页。

[4] 郦全民：《用计算的观点看世界》，广州：中山大学出版社，2009 年，154 页。

le）于 1982 年提出了"中文屋"（Chinese Room）思想实验。这可能是近几十年来人工智能哲学领域最著名、最富有争议的思想实验。

"中文屋"思想实验是这样的，塞尔设想自己是一个对中文一窍不通的人，被关在一间屋子里。屋子里面放着一本包含着中文字库和用英语写成的指令集的指南，这些指令的唯一作用就是能把一串中文字合乎规则地变换成另一串中文字。现在，假如在屋子外面站着一群中国人或其他懂中文的人，他们通过屋子上的一个小孔向处于屋内的塞尔传入一些用中文写成的问题。塞尔可以根据手头的那本指南决定向外界传出什么样的中文句子。由于他不懂中文，所以并不知道所传出的句子的意义。然而，对于屋外懂中文的人来说，只要塞尔的回答是根据规则生成的，就将是有意义的。这样，对于站在屋外的懂中文的人来说，根据塞尔的行为，可以判断他是懂中文的；但实际上，塞尔并不懂中文。

塞尔的这个思想实验，主要是为了反驳强人工智能的主张。在他看来，他在"中文屋"思想实验中所处的角色，正如程序在计算机系统中所处的角色一样。所以，塞尔论证到：他在"中文屋"思想实验中，实际上并不懂中文；那么一台计算机仅仅通过实现程序，也不会具有真正的思想和理解。因为一个真正的思想和理解，必须具有内禀的意向性；人有思想和理解能力，也就有内禀的意向性；而计算机仅仅通过程序，并不能实现思想和理解。[1]

塞尔的"中文屋"实验实际是建立在以下几条前提之上的：

（1）计算机程序是形式化的。（语形上）

（2）人类思维具有精神内容。（语义上）

（3）语形对于语义而言，既不是构成的，也不是充分的。[2]

---

[1]　郦全民：《用计算的观点看世界》，广州：中山大学出版社，2009 年，161 页。

[2]　Stuart J. Russell, Peter Norvig 著，殷建平、祝恩、刘越、陈跃新、王挺译：《人工智能——一种现代的方法》（第三版），北京：清华大学出版社，2013 年，861 页。

所以，计算机程序不可能拥有心智，计算机不能思维。

此处，暂时不考虑塞尔论证前提的合理性，暂且认为塞尔的结论是正确的，即计算机程序不能拥有心智，那么人为什么会拥有心智呢？人为什么能够思维？塞尔的回答是：人具有意向性。

塞尔认为，计算机没有意向性，人类才有这种意向性。那么是不是只有人类才有这种意向性呢？或者除了人类之外还有什么其他的物质具有意向性这一特征呢？塞尔的回答是：

（1）意向性必定是基于大脑，或者和大脑材料类似的东西；

（2）只要这种东西具有和大脑相同的因果能力，那么它就具有意向性。

由此可以看到，塞尔并不否认人类以外意向性的存在，即，意向性是可以构建的。在这里，塞尔似乎已经走向了他的反面——如果人工智能可以在计算机上构建出意向性，那么塞尔就会承认计算机拥有心智，并且计算机能够思维，强人工智能也因此得以实现。

那么接下来的问题是，如何在计算机上构造意向性？人工智能专家已经尝试了各种可能性。

首先需要指出的就是联结主义学派所做的工作。联结主义实际上就是对人脑的模仿，它所依据的是人脑的结构，并按照人类的生物神经网络所制造出来的人工神经网络，试图体现人脑的基本特性，并产生类似于人的意识。

第二种方法在于如何从逻辑与形式化的角度去构建意向性。人工智能专家已经取得了一些成果，例如 BDI（Believe Desire Intention）智能体系，它利用模态逻辑的描述对信念、愿望、目标、意图等心智状态进行形式化研究。①

---

① 李珍. 计算机能够思维吗？——对塞尔"中文屋"论证的分析 [J]. 中山大学研究生学刊（社会科学版），2007（2）：18 - 19.

总而言之，塞尔的"中文屋"思想实验并没有对强人工智能达成充分的反驳力度，反而为强人工智能的实现指明了一条发展方向。

3. "技术奇点"

弱人工智能与强人工智能分歧的焦点其实在于，人类智能和人工智能之间究竟有没有一个类似"天堑"的隔断？如果有，那么"天堑"在哪里？"中文屋"思想实验试图以"意向性"来充当这个天堑，然而从哲学与技术的角度分析，并不能完全成立。① 如果没有这个"天堑"，那么随着人工智能的发展，可能终将有一天，人工智能将会达到或者超越人类智能；实际上，从计算能力、演绎推理的角度，无论是速度、精确性，计算机都早已超过人类。

这就不可避免地面临"技术奇点"（Technological Singularity）的问题。数学家古德（Irving John Good）在他著名的论文 *Speculations Concerning the First Ultraintelligent Machine*② 中提到：

　　可以把超级智能机器定义为一台能够远远超越任何人的全部智能活动的机器。……结果毫无疑问将会出现'智能爆炸'（Intelligence Explosion），而人类的智能则被远远抛在后面。如果这台机器足够驯良，并告诉我们如何保持对它的控制的话，那么第一台超级智能机器人就是人类需要完成的最后发明。③

---

① 具体的论证过程可参见：李珍. 计算机能够思维吗？——对塞尔"中文屋"论证的分析［J］. 中山大学研究生学刊（社会科学版），2007（2）.

② I. J. Good. Speculations Concerning the First Ultraintelligent Machine［C］. Advances in Computers，vol. 6. Academic Press. 1965. pp31 – 88.

③ I. J. Good. Speculations Concerning the First Ultraintelligent Machine［C］. Advances in Computers，vol. 6. Academic Press. 1965. p33.

著名数学家、科幻作家文奇（Vernor Vinge）将"智能爆炸"也称为"技术奇点"；他认为，如果"技术奇点"出现的话，那么人类时代就将会结束。古德和文奇都注意到当前技术进步的曲线呈指数增长（例如"摩尔定律"①）。然而，该曲线将持续增长到一个接近无限的奇点则是相当大的一步飞跃。迄今为止，其他每项技术几乎都遵循了一条"S"形曲线，其指数增长最终会逐渐减少以至停止。有时当旧技术停滞不前时会出现新技术，有时则会突破极限。很难预测，几十年甚至数百年之后，"技术奇点"会不会真正到来。②

如果奇点真的出现的话，那么接踵而至的价值、道德、伦理等问题就会出现。实际上，在众多科幻电影中，这一场景已经被"实现"了，诸如《终结者》（The Terminator）系列电影、《黑客帝国》（The Matrix）系列电影以及 2015 年的《机械姬》（Ex Machina）等。在人工智能超越人类之后，发现人类居然是如此的弱小与无知，反而会对人工智能自身构成威胁，所以人工智能首先对人类展开了消灭运动。

4. "机器人学三定律"

为了防止这种可能景象的出现，阿西莫夫（Isaac Asimov）于 1942 年在其科幻小说 *Runaround*③ 中提出了设计机器人的三个法则，也称为"机器人学三定律"（Three Laws of Robotics）：

（1）机器人不可以伤害人类，或通过交互的方式伤害人类。

---

① 摩尔定律（Moore's Law）是由英特尔（Intel）创始人之一摩尔（Gordon Moore）于 1965 年提出来的；其内容为：当价格不变时，集成电路上可容纳的元器件的数目，约每隔 18 - 24 个月便会增加一倍，性能也将提升一倍。

② Stuart J. Russell, Peter Norvig 著，殷建平、祝恩、刘越、陈跃新、王挺译：《人工智能——一种现代的方法》（第三版），北京：清华大学出版社，2013 年，866 页。

③ Isaac Asimov. Runaround［J］. Astounding Science Fiction, 1942.

（2）机器人必须遵守人类发出的指令，除非该指令与第一法则冲突。

（3）机器人必须保护自身，只要这种保护不与第一第二法则冲突。

阿西莫夫试图通过订立"机器人学三定律"，来阻止机器人或人工智能对人类造成危害。在未来人工智能发展的历程中，人们应当在充分探讨、论证"机器人学三定律"的基础上，制定相关的法律与行业规范来阻止这种现象的出现。

实际上，关于"智能爆炸"与"技术奇点"的讨论远没有上文描述的那么简单，很多人工智能专家与哲学家对此的争论也在不断进行中。然而可以预见的是，随着人工智能与人机协同系统的发展，计算机会更好、更高效地替代人类的工作，并且把人类从繁重、单调的计算与推理任务中解放出来。人类需要做的工作更多会集中到选择、评价、预测等创造性工作上去；人类可以花费更少的时间和精力来解决更多更复杂的问题。

无论未来人工智能与人机协同系统发展如何，笔者持有一种乐观的态度——这会使得人类的未来更加美好。其原因不仅仅在于科技的发展与人类创造性的发挥所促使的社会的进步，还在于人类面对危险和威胁时所拥有的顽强的意志力与无穷的智慧。而后者，则支撑着人类在面对人工智能可能出现的危险和威胁时，会做出不懈的努力，以化解这种危机。正如尼克·波斯特罗姆（Nick Bostrom）所言：

如果有一天我们发明了超越人类大脑一般智能的机器大脑，那么这种超级智能将会非常强大。并且，正如现在大猩猩的命运更多地取决于人类而不是它们自身一样，人类的命运将取决于超级智能机器。

　　然而我们拥有一项优势：我们清楚地知道如何制造超级智能机器。原则上，我们能够制造一种保护人类价值的超级智能，当然，我们也有足够的理由这么做。①

---

① 〔英〕尼克·波斯特罗姆（Nick Bostrom）著，张体伟、张玉青译：《超级智能——路线图、危险性与应对策略》，北京：中信出版社，2015年，序言。

第八章

结　语

　　人机协同系统的出现可以说是应运而生。计算机的计算能力很强，演绎推理能力突出，归纳推理和类比推理等方面的能力也在不断地发展和完善之中，并且尤其擅长迅速地处理大规模的数据；而人类在处理问题时，则具备计算机所欠缺的灵活性与创造性等等。与此同时，人类社会面对的问题越来越复杂、也越来越困难，特别是面对开放复杂巨系统的问题，仅仅依靠人或者计算机单独一方的能力远远不足以解决；这就需要人和计算机相互协同，紧密配合，各自发挥自身的长处，才有可能解决这些复杂的问题——人机协同系统也因此成为必要与可能。经历了数十年的发展，人机协同系统已经广泛地应用在了语音识别、图像处理、医疗诊断、金融决策、天气预报、化学工程、地质勘探、等领域，深刻地影响了科学、技术的发展，以及生产、生活等方方面面，而其所引发的哲学探讨可能更值得人类深思。

　　本书首先对人机协同系统推理机制的实现条件和结构特征进行了论述，提出，人机协同系统的推理机制实际上是一个动态迁移过程，并以"沃森医生"和"AlphaGo"为案例，详细地论述了人机协同系统的推理机制。"沃森医生"的出现，极大地提高了医生对于不同病情的诊断率，并强烈地冲击了人们传统的医疗观念。而"AlphaGo"则接连战胜了李世石九段与柯洁九段，震惊了世界。本书通过对"沃森医生"和

"AlphaGo"推理机制的阐述与比较，指出人机协同系统在数年时间里取得了长足的进展，尤其是机器学习的能力更是得到了显著的增强——这正是体现了人的推理能力和智能水平不断向人工智能系统动态迁移的过程。

其后，本书对人机协同系统的哲学问题进行了系统的探讨。在本体论层面上，对西蒙和纽厄尔提出的"物理符号系统假设"作出了新的诠释，认为其更准确的表述是"物理实现的符号系统假设"。在此基础上，进一步论证了人机协同系统本质上是一个计算系统，而且是一个超越了单纯的人或单纯的计算机、可以实现更多功能、解决更复杂问题的计算系统。在认识论层面上指出，在某些情况下，人机协同系统可以看作是一类新型的认识主体；并探讨了人机协同系统的知识获取以及知识辩护的问题；最后论证了人机协同系统可以大大提高人类认识世界和改造世界的能力。在价值论层面上，论证了人机协同系统能够提升人类价值，推进人类文化的进化；同时，也指出和分析了人机协同系统可能存在的风险以及人们需要采取的对策。

一是对人机协同系统的推理机制的特点和基本结构进行较为系统的阐述，并以"Doctor Watson"和"AlphaGo"为例，论证人机协同系统的推理机制实际上是人的推理能力不断向智能机器系统迁移的动态过程。二是试图对西蒙和纽厄尔提出的"物理符号系统假设"作出新的诠释，认为其更准确的表述是"物理实现的符号系统假设"，并论证人机协同系统本质上是一个计算系统。三是阐述和论证，在一定条件下人机协同系统可以看作是一类新型的认识主体。四是对人机协同系统的价值论问题展开研究，着重分析人工智能对人类社会的影响，并针对人工智能可能存在的风险提出相应的对策。

应当指出，本书也存在着一些不足之处，例如关于人机协同系统推理机制的论述不够全面，需要进一步的分析与研究；关于人机协同系统哲学层面的探讨也不够深入，需要进一步的深化，等等。

人机协同系统发展至今，对其推理机制与哲学问题等方面的研究可以说正处于起步阶段，远未达到成熟的地步。AlphaGo 的问世和人工智能的最新成就无疑推动了社会的发展、文明的进步，同时给人类的思想和观念也带来了巨大的冲击，而其所引发的哲学探讨可能更值得人类深思。人工智能与人机协同系统未来会朝向怎样的方向发展？会在哪些方面、何种程度上影响人们的认知与行动？会带来怎样的道德与伦理问题？对于人的生存和发展又会产生什么重要的影响？等等。这也将是我们未来需要进一步思索、研究的方向。

附录

AlphaGo 团队：《用深度神经网络和树搜索掌握围棋》

(Mastering the Game of Go with Deep Neural Networks and Tree Search) [①]

David Silver[1], Aja Huang[1], Chris J. Maddison[1], Arthur Guez[1], Laurent Sifre[1], George van den Driessche[1], Julian Schrittwieser[1], Ioannis Antonoglou[1], Veda Panneershelvam[1], Marc Lanctot[1], Sander Dieleman[1], Dominik Grewe[1], John Nham[2], Nal Kalchbrenner[1], Ilya Sutskever[2], Timothy Lillicrap[1], Madeleine Leach[1], Koray Kavukcuoglu[1], Thore Graepel[1], Demis Hassabis[1]

摘要：人们长久以来认为：围棋对于人工智能来说是最具有挑战性的经典博弈游戏，因为它的巨大的搜索空间、评估棋局和评估落子地点的难度。我们给电脑围棋程序引入一种新的方法，这个方法使用估值网络来评估棋局，以及使用策略网络来选择如何落子。这些深度神经网络被一种新的组合来训练：使用了人类专业比赛数据的监督学习，以及自

---

① David Silver, Aja Huang, Chris J. Maddison, Arthur Guez, Laurent Sifre, George van den Driessche, Julian Schrittwieser, Ioannis Antonoglou, Veda Panneershelvam, Marc Lanctot, Sander Dieleman, Dominik Grewe, John Nham, Nal Kalchbrenner, Ilya Sutskever, Timothy Lillicrap, Madeleine Leach, Koray Kavukcuoglu, Thore Graepel1, Demis Hassabis. "Mastering the game of Go with deep neural networks and tree search", Nature, 2016－01－28（529）：484－489.1 表示来自 Google DeepMind 团队，2 表示来自 Google 总部。David Silver，Aja Huang 是并列第一作者。

我对弈的强化学习。没有使用任何预测搜索的方法，神经网络下围棋达到了最先进的蒙特卡洛树搜索程序的水准，该程序模拟了数以千计的自我对弈的随机博弈。我们同时也引入了一种新的搜索算法，该算法把蒙特卡洛模拟和估值、策略网络结合在一起。运用了这个搜索算法，我们的程序 AlphaGo 在和其它围棋程序的对弈中达到了 99.8% 的胜率，并且以 5∶0 的比分击败了欧洲冠军，这是历史上第一次计算机程序在全尺寸围棋中击败一个人类职业棋手。在此之前，人们认为需要至少十年才会达成这个壮举。

所有完全信息博弈都有一个最优估值函数 $v^*(s)$，它在判断了每个棋局或状态 s 之后的博弈结果的优劣（在所有对手完美发挥的情况下）。解决这些博弈可以通过在搜索树中递归调用最优估值函数，这个搜索树包含大约 b^d 种可能的下棋序列，其中 b 是博弈的广度（每一次下棋时候的合法落子个数），d 是的深度（博弈的步数长度）。在大型博弈中，比如国际象棋（$b\approx35$，$d\approx80$）[1]，特别是围棋（$b\approx250$，$d\approx150$）[1]，穷举搜索是不可行的[2,3]，但是有效的搜索空间可以通过两种通用的原则减少。第一，搜索的深度可以通过棋局评估降低：在状态 s 时对搜索树进行剪枝，然后用一个近似估值函数 $v(s)\approx v^*(s)$ 取代状态 s 下面的子树，这个近似估值函数预测状态 s 之后的对弈结果。这种方法已经在国际象棋[4]，国际跳棋[5]，黑白棋[6]中得到了超越人类的下棋能力，但是人们认为这种方法在围棋中是难以处理的，因为围棋巨大的复杂性[7]。第二，搜索的广度可以通过来自策略 $p(a\mid s)$ 的采样动作来降低，这个策略是一个在位置 s 的可能下棋走子 a 概率分布。比如蒙特卡洛走子方法[8]搜索到最大深度时候根本不使用分歧界定法，它从一个策略 p 中采集双方棋手的一系列下棋走法。计算这些走子的平均数可以产生一个有效的棋局评估，在西洋双陆棋戏[8]和拼字游戏[9]中获得了超出人类的性能表现，并且在围棋中达到了业余低段水平[10]。

蒙特卡洛树搜索（Monte Carlo Tree Search，MCTS）[11,12]使用蒙特卡洛走子方法，评估搜索树中每一个状态的估值。随着执行越来越多的模拟，这个搜索树成长越来越大，而且相关估值愈发精确。用来选择下棋动作的策略在搜索的过程中也会随着时间的推移而改进，通过选择拥有更高估值的子树，渐近的，这个策略收敛到一个最优下法，然后评估收敛到最优估值函数[12]。目前最强的围棋程序是基于蒙特卡洛树搜索的，并且受到了策略的增强，这个策略被人训练用来预测专家棋手的下法[13]。这些策略用来缩窄搜索空间到一束高可能性下棋动作，和用来在走子中采集下法动作。这个方法已经达到了业余高手的级别[13-15]。然而，先前的工作已经受到了浅层策略[13-15]的限制或基于输入的线性组合的估值函数[16]的限制。

最近，深度卷积神经网络已经在计算机视觉中达到了空前的性能：比如图像分类[17]、人脸识别[18]、和玩雅达利（Atari）[19]的游戏。它们使用很多层的神经网络，层与层之间像瓦片重叠排列在一起，用来构建图片的愈发抽象的局部表征[20]。我们为围棋程序部署了类似的体系架构。我们给程序传入了一个19×19大小棋局的图片，然后使用卷积神经网络来构建一个位置的表征。我们使用这些神经网络来降低搜索树的有效的深度和广度：通过估值网络来评估棋局，和使用策略网络来博弈取样。

我们使用一个包含多个不同阶段的机器学习方法的管道来训练神经网络（图1）。我们开始使用一个监督学习（SL）策略网络 p_σ，它直接来自人类专家的下棋。这提供了快速高效的学习更新，拥有快速的反馈和高质量的梯度。和先前的工作类似[13,15]，我们同时也训练了一个可以迅速从走子中取样的快速策略 p_π。其次，我们训练了一个强化学习（RL）策略网络 p_ρ，它通过优化自我对弈的最终结局来提升 SL 策略网络。该调整策略网络朝向赢棋的正确目标发展，而不是最大化提高预测精度。最后，我们训练了一个估值网络 v_θ，它预测博弈的赢者，通过和 RL 策略网络和自己对弈。我们的 AlphaGo 程序有效地把策略网络、估值网络和蒙特卡洛搜索树结合在一起。

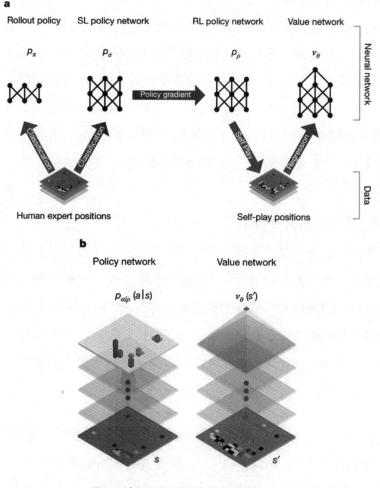

图1　神经网络训练管道和体系结构。

a：在一个棋局数据集合中，训练一个快速走子策略 p_π 和监督学习（SL）策略网络 p_σ 用来预测人类专家下棋。一个强化学习（RL）策略网络 p_ρ 由 SL 策略网络初始化，然后由策略梯度学习进行提高。和先前版本的策略网络相比，通过自我对弈结合 RL 策略网络，一个新的最大化数据集合（比如赢更多的博弈）产生了。最终通过回归训练，产生一个估值网络 v_θ，用来在自我对弈的数据集合中预测期待的结局（比如当前棋手是否能赢）。

b：AlphaGo 使用的神经网络体系架构的原理图表征。策略网络把棋局状态 s 当作输入的表征，策略网络把 s 传输通过很多卷积层（这些卷积层是参数为 δ 的 SL 策略网络或者参数为 ρ 的 RL 策略网络），然后输出一个关于下棋动作 a 的概率分布 $p_\delta(a \mid s)$ or $p_\rho(a \mid s)$，用一个棋盘的概率地图来表示。估值网络类似的使用了很多参数 θ 的卷积层，但是输出一个标量值 $v_\theta(s')$ 用来预测棋局状态 s' 后的结局。

1. 策略网络的监督学习

在训练管道的第一阶段，我们在先前工作的基础上，使用了监督学习来预测人类专家下围棋[13,21-24]。监督学习（SL）策略网络 $p_\delta(a \mid s)$ 在重量 δ 的卷积层和非线性的整流器中替换。策略网络的输入 s 是一个棋局状态的简单表征。策略网络使用了随机取样状态 – 动作对（s，a），使用了随机梯度递增来最大化人类在状态 s 选择下棋走子 a 的可能性。

$$\Delta\sigma \propto \frac{\partial \log p_\sigma(a|s)}{\partial\sigma}$$

我们用 KGS 围棋服务器的 3000 万个棋局，训练了 13 层的策略网络（我们称之为 SL 策略网络）。在输入留存测试数据的所受特征的时候，这个网络预测人类专家下棋的精度达到了 57%，而且在仅仅使用原始棋局和下棋记录的时候，精度达到了 55.7%。与之相比，截止到本篇文论提交（2015 年），其他研究团队的最先进的精度是 44.4%[24]。在精确度方面的小提升会引起下棋能力的很大提升（图 2，a）；更大的神经网络拥有更高的精确度，但是在搜索过程中评估速度更慢。我们也训练了一个更快的但是精确度更低的走子策略 $p_\pi(a \mid s)$，它使用了一个权重为 π 的小型模式特征的线性 softmax。它达到了 24.2% 的精确度，每选择下一步棋只用 2 微秒，与之相比，策略网络需要 3 毫秒。

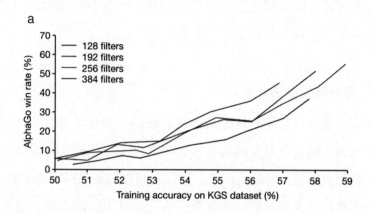

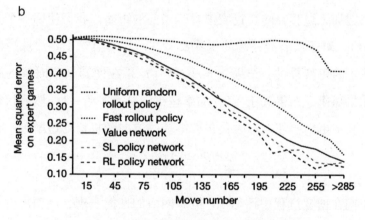

图 2　策略网络和估值网络的能力和精确度

　　a：显示了策略网络的下棋能力随着它们的训练精确度的函数。分别拥有 128，192，256，384 卷积过滤层的策略网络在训练过程中得到周期性的评估；这个图显示了 AlphaGo 使用不同策略网络的赢棋概率随着的不同精确度版本的 AlphaGo 的变化。

　　b：估值网络和不同策略网络的评估对比。棋局和结局是从人类专家博弈对局中采样的。每一个棋局都是由一个单独的向前传递的估值网络 v_θ 评估的,或者 100 个走子的平均值,这些走子是由统一随机走子,或快速走子策略 p_π,或 SL 策略网络 p_δ,或 RL 策略网络 p_ρ。图中,预测估值和博弈实际结局之间的平均方差随着博弈的进行阶段(博弈总共下了多少步)的变化而变化。

2. 策略网络的强化学习

训练管道第二阶段的目标是通过策略梯度强化学习(RL)[25,26]来提高策略网络。强化学习策略网络 p_ρ 在结构上和 SL 策略网络是一样的,权重 ρ 初始值也是一样的,$\rho = \delta$。我们在当前的策略网络和随机选择某先前一次迭代的策略网络之间博弈。从一个对手的候选池中随机选择,可以稳定训练过程,防止过度拟合于当前的策略。我们使用一个奖励函数 $r(s)$,对于所有非终端的步骤 $t < T$,它的值等于零。从当前棋手在步骤 t 的角度来讲,结果 $z_t = \pm r(s_T)$ 是在博弈结束时候的终端奖励,如果赢棋,结果等于 +1,如果输棋,结果等于 −1。然后权重在每一个步骤 t 更新:朝向最大化预期结果的方向随机梯度递增。

$$\Delta\rho \propto \frac{\partial \log p_\rho(a_t|s_t)}{\partial \rho} z_t$$

我们在博弈过程中评估 RL 策略网络的性能表现,从输出的下棋动作的概率分布,对每一下棋动作 $at \sim p_\rho(. \mid s_t)$ 进行取样。我们自己面对面博弈,RL 策略网络对 SL 策略网络的胜率高于 80%。我们也测试了和最强的开源围棋软件 Pachi 对弈,它是一个随机的蒙特卡洛搜索程序,在 KGS 中达到业余二段。在没有使用任何搜索的情况下,RL 策略网络对 Pachi 的胜率达到了 85%。与之相比,之前的最先进的仅仅基于监督学习的卷积网络,对 Pachi 的胜率仅只有 11%[23],对稍弱的程序 Fuego 的胜率是 12%[24]。

3. 估值网络的强化学习

训练管道的最后一个阶段关注于棋局评估，评估一个估值函数 v^p (s)，它预测从棋局状态 s 开始，博弈双方都按照策略网络 p 下棋的结局[28-30]，

$$v^p(s) = E[z_t | s_t = s, a_{t...T} \sim p]$$

理想情况下，我们期望知道在完美下法 $v^*(s)$情况下的最优值；然而在现实中，我们使用 RL 策略网络，来评估估值函数 v^{p_p}，作为我们的最佳策略。我们使用权重是 θ 的估值网络 $v_\theta(s)$来逼近估值函数，$v_\theta(s) \approx v^{p_p} \approx v^*(s)$。这个神经网络和策略网络拥有近似的体系结构，但是输出一个单一的预测，而不是一个概率分布。我们通过回归到状态 - 结果对（s，z）来训练估值网络的权重，使用了随机梯度递减，最小化预测估值 $v_\theta(s)$和相应的结局 z 之间的平均方差（MSE）。

$$\Delta\theta \propto \frac{\partial v_\theta(s)}{\partial\theta}(z - v_\theta(s))$$

这个幼稚的从拥有完整对弈的数据来预测博弈结局的方法会导致过度拟合。问题在于，连续的棋局之间的联系十分紧密，和仅单独下一步棋有差距，但是回归目标和整个博弈又是相通的。当通过这种方式在 KGS 数据集合上训练的结果，估值网络记住了博弈的结局而不是推广出新的棋局，在测试数据上面 MSE 最小达到了 0.37，与之相比在训练数据集合上面 MSE 是 0.19。为了解决这个问题，我们想出了新的自我对弈的数据集合，包含了 3000 万个不同的棋局，每一个都是从不同盘博弈中采样。每一盘博弈都是在 RL 策略网络和自己之间对弈，直到博弈本身结束。在这个数据集合上训练导致了 MSE 为 0.226，和训练和测试数据集合的 MSE 为 0.234，这预示着很小的过度拟合。图 2b 展示了估值网络对棋局评估的精确度：对比使用了快速走子策略网络 p_π 的蒙

特卡洛走子的精确度，估值函数一直更加精确。一个单一的评估 $v_\theta(s)$ 的精确度也逼近了使用了 RL 策略网络 $v_\theta(s)$ 的蒙特卡洛走子的精确度，不过计算量是原来的一万五千分之一。

4. 运用策略网络和估值网络搜索

AlphaGo 在把策略网络、估值网络和 MCTS 算法结合（图 3），MCTS 通过预测搜索选择下棋动作。每一个搜索树的边（s，a）存储着一个动作估值 Q（s，a），访问计数 N（s，a），和先验概率 P（s，a）。这棵树从根节点开始，通过模拟来遍历（比如在完整的博弈中沿着树无没有备份地向下搜索）。在每一次模拟的时间步骤 t，在状态 s 的时候选择一个下棋动作 at，

$$a_t = \underset{a}{\mathrm{argmax}}\left(Q(s_t,a) + u(s_t,a)\right)$$

用来最大化动作估值加上一个额外奖励

$$u(s,a) \propto \frac{P(s,a)}{1 + N(s,a)}$$

它和先验概率成正向关系，但是和重复访问次数成反向关系，这样是为了鼓励更多的探索。当在步骤 L 遍历到达一个叶节点 s_L 时，该叶节点可能不会被扩展。叶节点棋局 s_L 仅被 SL 策略网络 p_δ 执行一次。输出的概率存储下来作为每一合法下法动作 a 的先验概率 P，P（s，a）$=p_\delta(a \mid s)$。叶节点通过两种方式的得到评估：第一，通过价值网络 $v_\theta(s_L)$ 评估；第二，用快速走子策略 p_π 随机走子，直到终点步骤 T，产生的结果 z_L 作为评估方法。这些评估方法结合在一起，在叶节点的评估函数 V（SL）中使用一个混合参数 λ，

$$V(s_L) = (1 - \lambda)v_\theta(s_L) + \lambda z_L$$

在模拟的结尾 n，更新所有被遍历过的边的下棋动作估值和访问次数。每一条边累加访问次数，和求出所有经过该边的模拟估值的平

均值。

$$N(s,a) = \sum_{i=1}^{n} 1(s,a,i)$$

$$Q(s,a) = \frac{1}{N(s,a)} \sum_{i=1}^{n} 1(s,a,i) V(s_L^i)$$

其中 s_L^i 是第 i 次模拟的叶节点，1（s, a, i）代表一条边（s, a）在第 i 次模拟时是否被遍历过。一旦搜索完成，算法选择从根节点开始，被访问次数最多的节点。

在 AlphaGo 中，SL 策略网络 p_δ 的表现优于 RL 策略网络 p_ρ，推测可能是因为人类从一束不同的前景很好的下棋走法中选择，然而 RL 优化单一最优下棋走法。然而，从更强的 RL 策略网络训练出来的估值函数 $v_\theta \approx v^{P_\rho}(s)$ 优于从 SL 策略网络训练出来的估值函数 $v_\theta \approx v^{P_\delta}(s)$。

评估策略网络和估值网络和传统的启发式搜索相比，需要多几个数量级的计算量。为了高效地把 MCTS 和深度神经网络结合在一起，AlphaGo 在很多 CPU 上使用异步多线程搜索技术进行模拟，在很多 GPU 上计算策略网络和估值网络。最终版本的 AlphaGo 使用了 40 个搜索线程，48 个 CPU，和 8 个 GPU。我们也实现了一个分布式的 AlphaGo 版本，它利用了多台电脑，40 个搜索线程，1202 个 CPU，176 个 GPU。在方法部分提供了关于异步和分布 MCTS 的全部的细节。

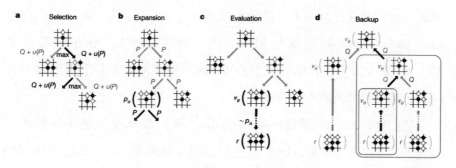

图 3　AlphaGo 中的蒙特卡洛树搜索。

a：每一次模拟遍历搜索树，通过选择拥有最大下棋动作估值 Q 的边，加上一个额外奖励 u（P）（依赖于存储的该边的先验概率 P）。b：叶节点可能被展开，新的结点被策略网络 p_θ 执行一次，然后结果概率存储下来作为每一个下棋动作的先验概率。c：在一次模拟的结尾，叶节点由两种方式评估：使用估值网络 v_θ 和运行一个走子策略直到博弈结尾（使用了快速走子策略 pπ），然后对于赢者运算函数 r。d：下棋动作估值 Q 得到更新，用来跟踪所有评估 r（.）的平均值和该下棋动作的子树的 v_θ(.)。

5. 评估 AlphaGo 的下棋能力

为了评估 AlphaGo 的水平，我们举办了内部比赛，成员包括不同版本的 AlphaGo 和几个其它的围棋程序，包括最强的商业程序 CrazyStone[13] 和 Zen，和最强的开源程序 Pachi[14] 和 Fuego[15]。所有这些程序都是基于高性能蒙特卡洛树搜索算法的。此外，我们的内部比赛还包括了开源程序 GnuGo，它使用了最先进搜索方法的蒙特卡洛树搜索。所有程序每下一步棋最多允许 5 秒钟。

比赛的结果如图 4，a，它预示着单机版本的 AlphaGo 比先前任何一个围棋程序强上很多段，在 495 场比赛中，AlphaGo 赢了其中的 494 场比赛。我们也在让对手 4 子棋的情况下进行了比赛：AlphaGo 和 CrazyS-tone，Zen，Pachi 的胜率分别是 77%，86%，99%。分布式版本的 AlphaGo 强大很多：和单机版本的 AlphaGo 对弈的胜率是 77%，和其他的围棋程序对弈的胜率是 100%。

我们也评估了不同版本的 AlphaGo，不同版本仅仅使用估值网络（λ = 0）或者仅仅使用快速走子（λ = 1）（如图 4，b）。即使不使用快速走子，AlphaGo 的性能超出了所有其他围棋程序，显示了估值网络提供了一个可行的代替蒙特卡洛评估的可能。不过，其估值网络和快速走子的混合版本表现最好（λ=0.5），在对其他版本的 AlphaGo 的时候胜率达到了 95% 以上。这预示着这两种棋局评估系统是互补的：估值网络通过能力很强，但是通过不切实际的慢的 p_p 来逼近博弈的结局；快速走子可以通过能力更弱但是更快的快速走子策略 p_p 来精确的评估博弈的结局。图 5 将 AlphaGo 在真实博弈棋局中评估能力可视化了。

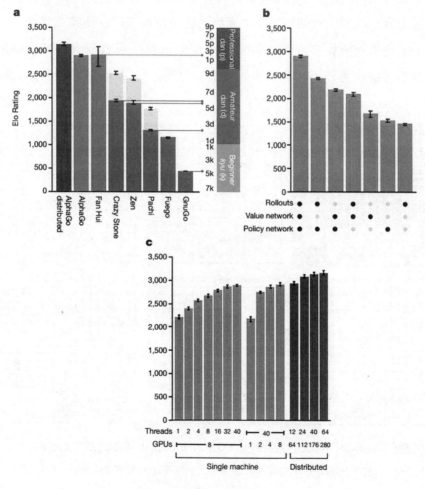

图 4 AlphaGo 的比赛评估

a：和不同围棋程序比赛的结果。每个程序使用接近每 5 秒走一步棋的速度。为了给 AlphaGo 更高的挑战难度，一些程序得到了被让 4 子的优势。程序的评估基于 ELO 体系：230 分的差距，这相当于 79% 的胜率差距，这大致相当于在 KGS 中高一个业余等级。一个和人类接近的相当水平显示了程序在在线比赛中达到的 KSG 等级。和欧洲冠军樊麾的比赛也包括在内，这些比赛使用更长的时间控制。图中显示了 95% 的置信区间。b：单机版本的 AlphaGo 在组成部分的不同组合下的性能表现。其中仅仅使用了策略网络的版本没有使用任何搜索算法。c：蒙特卡洛搜索树算法关于搜索线程和 GPU 的可扩展性研究，其中使用了异步搜索（浅蓝色）和分布式搜索（深蓝色），每两秒下一步。

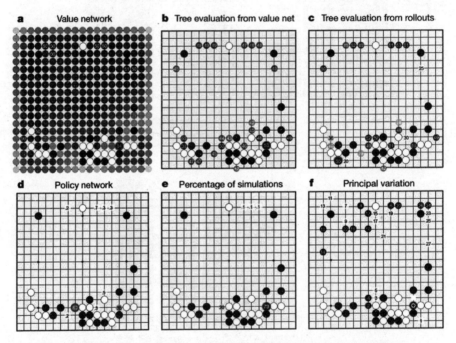

图 5　AlphaGo（执黑）是在一个和樊麾的非正式的比赛中选择下棋走子的。接下来的每一个统计中，估值最大的落子地点用橘黄色标记。

a：根节点 s 的所有后继结点 s′ 的估值，使用估值网络 $v_\theta(s')$，评估很靠前的会赢的百分数显示出来了。b：从根节点开始的每一条边

(s，a）的走子动作估值 Q（s，a）；仅仅使用估值网络（λ=0）方法的均值。c：下棋动作 Q（s，a），仅仅使用快速走子（λ=1）方法的均值。d：直接使用 SL 策略网络的下棋走子概率，$p\delta$（a | s）；如果大于0.1% 的话，以百分比的形式报告出来。e：从根节点开始的模拟过程中下棋走子地点选择的频率百分比。f：AlphaGo 的树搜索的理论上的走子选择序列（一个搜索过程中访问次数最多的路径）。下棋走子用一个数字序列表示。AlphaGo 选择下棋的落子地点用红色圆圈标记出来；樊麾下在白色方形的地方作为回应；在他的复盘过程中，他评论道：下在地点 1 应该是更好的选择，而这个落子地点正好是 AlphaGo 预测的白棋的落子地点。

最终，我们把分布式版本的 AlphaGo 和樊麾进行了评估，他作为一个职业二段棋手，是 2013、2014、2015 年的欧洲围棋冠军。在 2015 年10 月 5 日至 9 日，AlphaGo 和樊麾在真实比赛中下了 5 盘棋。AlphaGo以 5：0 的比分赢了比赛（图 6）。这是史上第一次，在人类不让子和完整棋盘的情况下，一个围棋程序赢了一个人类职业棋手。这个壮举之前认为需要至少十年才能达到[3,7,31]。

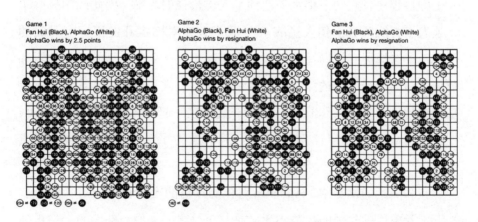

Game 1
Fan Hui (Black), AlphaGo (White)
AlphaGo wins by 2.5 points

Game 2
AlphaGo (Black), Fan Hui (White)
AlphaGo wins by resignation

Game 3
Fan Hui (Black), AlphaGo (White)
AlphaGo wins by resignation

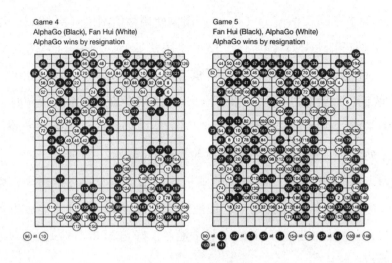

图 6　AlphaGo 和欧洲冠军樊麾的博弈棋局。下棋走的每一步按照下棋顺序
由数字序列显示出来。重复落子的地方在棋盘的下面成双成对显示出来。每
一对数字中第一个数字的落子，重复下到了第二个数字显示的交叉地方。

6. 讨论

在这个工作中，我们基于一个深度神经网络和树搜索的结合开发了
一个围棋程序，它的下棋水平达到了人类最强的水平，因此成功战胜了
一项人工智能领域的伟大挑战。[31-33]我们首次对围棋开发了一个有效的
下棋走子选择器和棋局评估函数，它是基于被一个创新型的监督学习和
强化学习的组合训练的深度神经网络。我们引入了新的搜索算法，它成
功地把神经网络评估和蒙特卡洛走子结合在一起。我们的程序 AlphaGo
把这些组成部分按照比例集成在一起，成为了一个高性能的树搜索
引擎。

在和樊麾的比赛中，AlphaGo 对棋局评估的次数和深蓝对卡斯帕罗
夫下国际象棋的时候的次数相比，是其千分之一。作为补偿的，是更加
智能的棋局选择能力，使用了更加精确的评估棋局的能力，使用了估值
网络（一个也许是更加接近于人类下棋方式的方法）。此外，深蓝使用

的是人类手工调参数的估值函数，然而 AlphaGo 的神经网络是直接从比赛对弈数据中训练出来的，单纯通过一个通用目的的监督学习和强化学习方法。

围棋在很多方面是横亘在人工智能面前的困难[33,34]：一个有挑战性的决策任务；一个难以对付的解空间；和一个非常复杂的最优解，以至于它看上去不可能使用策略或者估值函数逼近。之前的关于围棋程序的重大突破——蒙特卡洛树搜索，在其他领域导致了相应的进步：比如通用的博弈比赛、经典的规划问题、局部观察规划问题、调度问题和约束满足问题[35,36]。通过把树搜索和策略网络、估值网络结合在一起，AlphaGo 最终达到了围棋职业选手的水平，并且提供了希望：在其他看似难以解决的人工智能领域里，计算机现在是可以达到人类水平的。

References

1. Allis, L. V. Searching for Solutions in Games and Artifiial Intelligence. PhD thesis, Univ. Limburg, Maastricht, The Netherlands (1994).

2. van den Herik, H., Uiterwijk, J. W. & van Rijswijck, J. Games solved: now and in the future. Artif. Intell. 134, 277 - 311 (2002).

3. Schaeffr, J. The games computers (and people) play. Advances in Computers 52, 189 - 266 (2000).

4. Campbell, M., Hoane, A. & Hsu, F. Deep Blue. Artif. Intell. 134, 57 - 83 (2002).

5. Schaeffr, J. et al. A world championship caliber checkers program. Artif. Intell. 53, 273 - 289 (1992).

6. Buro, M. From simple features to sophisticated evaluation functions. In 1st International Conference on Computers and Games, 126 - 145 (1999).

7. Müller, M. Computer Go. Artif. Intell. 134, 145 – 179 (2002).

8. Tesauro, G. & Galperin, G. On – line policy improvement using Monte – Carlo search. In Advances in Neural Information Processing, 1068 – 1074 (1996).

9. Sheppard, B. World – championship – caliber Scrabble. Artif. Intell. 134, 241 – 275 (2002).

10. Bouzy, B. & Helmstetter, B. Monte – Carlo Go developments. In 10th International Conference on Advances in Computer Games, 159 – 174 (2003).

11. Coulom, R. Effient selectivity and backup operators in Monte – Carlo tree search. In 5th International Conference on Computers and Games, 72 – 83 (2006).

12. Kocsis, L. & Szepesvári, C. Bandit based Monte – Carlo planning. In 15th European Conference on Machine Learning, 282 – 293 (2006).

13. Coulom, R. Computing Elo ratings of move patterns in the game of Go. ICGA J. 30, 198 – 208 (2007).

14. Baudiš, P. & Gailly, J. – L. Pachi: State of the art open source Go program. In Advances in Computer Games, 24 – 38 (Springer, 2012).

15. Müller, M., Enzenberger, M., Arneson, B. & Segal, R. Fuego – an open – source framework for board games and Go engine based on Monte – Carlo tree search. IEEE Trans. Comput. Intell. AI in Games 2, 259 – 270 (2010).

16. Gelly, S. & Silver, D. Combining online and offle learning in UCT. In 17th International Conference on Machine Learning, 273 – 280 (2007).

17. Krizhevsky, A., Sutskever, I. & Hinton, G. ImageNet classifiation with deep convolutional neural networks. In Advances in Neural Information

Processing Systems, 1097 – 1105 (2012).

18. Lawrence, S. , Giles, C. L. , Tsoi, A. C. & Back, A. D. Face recognition：a convolutional neural – network approach. IEEE Trans. Neural Netw. 8, 98 – 113 (1997).

19. Mnih, V. et al. Human – level control through deep reinforcement learning. Nature 518, 529 – 533 (2015).

20. LeCun, Y. , Bengio, Y. & Hinton, G. Deep learning. Nature 521, 436 – 444 (2015).

21. Stern, D. , Herbrich, R. & Graepel, T. Bayesian pattern ranking for move prediction in the game of Go. In International Conference of Machine Learning, 873 – 880 (2006).

22. Sutskever, I. & Nair, V. Mimicking Go experts with convolutional neural networks. In International Conference on Artifiial Neural Networks, 101 – 110 (2008).

23. Maddison, C. J. , Huang, A. , Sutskever, I. & Silver, D. Move e-valuation in Go using deep convolutional neural networks. 3rd International Conference on Learning Representations (2015).

24. Clark, C. & Storkey, A. J. Training deep convolutional neural networks to play go. In 32nd International Conference on Machine Learning, 1766 – 1774 (2015).

25. Williams, R. J. Simple statistical gradient – following algorithms for connectionist reinforcement learning. Mach. Learn. 8, 229 – 256 (1992).

26. Sutton, R. , McAllester, D. , Singh, S. & Mansour, Y. Policy gradient methods for reinforcement learning with function approximation. In Advances in Neural Information Processing Systems, 1057 – 1063 (2000).

27. Sutton, R. & Barto, A. Reinforcement Learning：an Introduction

（MIT Press, 1998）.

28. Schraudolph, N. N. , Dayan, P. & Sejnowski, T. J. Temporal diffrence learning of position evaluation in the game of Go. Adv. Neural Inf. Process. Syst. 6, 817 – 824（1994）.

29. Enzenberger, M. Evaluation in Go by a neural network using soft segmentation. In 10th Advances in Computer Games Conference, 97 – 108（2003）. 267.

30. Silver, D. , Sutton, R. & Müller, M. Temporal – diffrence search in computer Go. Mach. Learn. 87, 183 – 219（2012）.

31. Levinovitz, A. The mystery of Go, the ancient game that computers still can't win. Wired Magazine（2014）.

32. Mechner, D. All Systems Go. The Sciences 38, 32 – 37（1998）.

33. Mandziuk, J. Computational intelligence in mind games. In Challenges for Computational Intelligence, 407 – 442（2007）.

34. Berliner, H. A chronology of computer chess and its literature. Artif. Intell. 10, 201 – 214（1978）.

35. Browne, C. et al. A survey of Monte – Carlo tree search methods. IEEE Trans. Comput. Intell. AI in Games 4, 1 – 43（2012）.

36. Gelly, S. et al. The grand challenge of computer Go: Monte Carlo tree search and extensions. Commun. ACM 55, 106 – 113（2012）.

37. Coulom, R. Whole – history rating: A Bayesian rating system for players of time – varying strength. In International Conference on Computers and Games, 113 – 124（2008）.

38. KGS. Rating system math. http://www.gokgs.com/help/rmath.html.

参考文献

中文文献：

敖志刚：《人工智能及专家系统》，机械工业出版社 2010 年版。

Azureviolin：《Watson 之心：DeepQA 近距离观察》，http：//azure-violin. com/？p=116（访问时间：2011 年 03 月 07 日）。

本报讯：《奥巴马政府即将推出"人脑计划"》，载《现代快报》，2013 年 2 月 20 日。

蔡自兴、[美] 约翰·德尔金、龚涛：《高级专家系统：原理、设计及应用》，科学出版社 2005 年版。

蔡自兴、徐光祐：《人工智能及其应用》（第四版），清华大学出版社 2010 年版。

曹少中、涂序彦：《人工智能与人工生命》，电子工业出版社 2011 年版。

陈安金：《人工智能及其哲学意义》，载《温州大学学报》，2002 年第 3 期。

陈晓平：《盖梯尔问题及其解决》，载《科学技术哲学研究》，2013 年第 5 期。

陈新汉：《当代中国价值论研究和哲学的价值论转向》，载《复旦学报（社会科学版）》，2003 年第 5 期。

陈杏圆、王焜洁：《人工智慧》，高立图书有限公司 2007 年版。

陈真：《盖梯尔问题的来龙去脉》，载《哲学研究》，2005 年第 11 期。

程炼：《何谓计算主义》，载《科学文化评论》，2007 年第 4 期。

程石：《人工智能发展中的哲学问题思考》，西南大学学位论文，2013 年。

程树铭：《逻辑学》（修订版），科学出版社 2013 年版。

褚秋雯：《从哲学的角度看人工智能》，武汉理工大学学位论文，2014 年。

丹尼尔·卡尼曼：《思考，快与慢》，胡晓姣、李爱民和何梦莹译，中信出版社 2012 年版。

邓波：《信息本体论何以可能？——关于邬焜先生信息哲学本体论观念的探讨》，载《哲学分析》，2015 年第 2 期。

董军：《人工智能哲学》，科学出版社 2011 年版。

杜国平：《图形推理研究》，载《北京行政学院学报》，2007 年第 2 期。

范寿康：《哲学通论》，武汉大学出版社 2013 年版。

冯平、陈立春：《价值哲学的认识论转换——乌尔班价值理论研究》，载《复旦学报（社会科学版）》，2003 年第 5 期。

高华、余嘉元：《人工智能中知识获取面临的哲学困境及其未来走向》，载《哲学动态》，2006 年第 4 期。

〔美〕George F. Luger 著，郭茂祖、刘扬、玄萍、王春宇等译：《人工智能：复杂问题求解的结构和策略》（第六版），机械工业出版社 2010 年版。

〔美〕George F. Luger 著，史忠植、张银奎、赵志崑等译：《人工智能——复杂问题求解的结构和策略》（第 6 版），机械工业出版社

2010 年版。

华东师范大学哲学系逻辑学教研室编：《形式逻辑》（第四版），华东师范大学出版社 2009 年版。

黄颂杰、宋宽峰：《对知识的追求和辩护——西方认识论和知识论的历史反思》，载《复旦学报（社会科学版）》，1997 年第 4 期。

黄席樾、刘卫红、马笑潇、胡小兵、黄敏、倪霖：《基于 Agent 的人机协同机制与人的作用》，载《重庆大学学报》，2002 年版第 9 期。

贺来：《"本体论"究竟是什么？——评《本体论研究》》，载《长白学刊》，2001 年第 5 期。

贺来：《"认识论转向"的本体论意蕴》，载《社会科学战线》，2005 年第 3 期。

吉鸿涛、方跃法、房海蓉：《人与人机一体化系统》，载《机械工程师》，2001 年版第 12 期。

蒋蓉：《全美第一肿瘤医院"电脑医生"开始坐诊》，http://zl. 39. net/66/141112/4516057. html（访问时间：2014 年 11 月 12 日）。

李德顺：《价值论》（第 2 版），中国人民大学出版社 2007 年版。

李美芳：《CIMS 及其发展趋势》，载《现代制造工程》，2005 年第 9 期。

郦全民：《用计算的观点看世界》，中山大学出版社 2009 年版。

郦全民：《科学哲学与人工智能》，载《自然辩证法通讯》，2001 年第 2 期。

郦全民：《关于计算的若干哲学思考》，载《自然辩证法研究》，2006 年第 8 期。

郦全民：《科学知识与理性行动》，载《华东师范大学学报（哲学社会科学版)》，2011 年第 6 期。

李珍：《计算机能够思维吗？——对塞尔"中文屋"论证的分析》，

载《中山大学研究生学刊（社会科学版）》，2007年第2期。

刘白林：《人工智能与专家系统》，西安交通大学出版社2012年版。

刘步青：《人机协同系统中的智能迁移：以AlphaGo为例》，载《科学·经济·社会》，2017第2期。

刘韵冀：《普通逻辑学简明教程》（第二版），经济管理出版社2009年版。

龙元香、王元元、邵军力：《肿瘤多级专家系统中的协同推理》，载《通信工程学院学报》，1992年第1期。

路甬祥、陈鹰：《人机一体化系统与技术——21世纪机械科学的重要发展方向》，载《机械工程学报》，1994年版第5期。

路甬祥、陈鹰：《人机一体化系统与技术立论》，载《机械工程学报》，1994年版第6期。

玛格丽特·A·博登编著，刘西瑞、王汉琦译：《人工智能哲学》，上海世纪出版集团2006年版。

〔英〕尼克·波斯特洛姆（Nick Bostrom）著，张体伟、张玉青译：《超级智能——路线图、危险性与应对策略》，中信出版社2015年版。

尼克著：《人工智能简史》，人民邮电出版社2017年版。

齐振海：《认识论探索》，北京师范大学出版社2008年版。

钱学森、于景元、戴汝为：《一个科学新区域开放的复杂巨系统及其方法论》，载《自然杂志》，1990年版第1期。

饶浩：《利用主观贝叶斯方法进行不确定推理》，载《韶关学院学报（自然科学版）》，2004年第6期。

数据精简：《AlphaGo算法论文 神经网络加树搜索击败李世石》，http://sports.sina.com.cn/go/2016 - 03 - 17/doc - ifxqnski7666906.shtml（访问时间：2016年3月17日）。

斯蒂芬·雷曼（C. Stephen Layman）著，杨武金译：《逻辑的力量》（第三版），中国人民大学出版社 2010 年版。

司马贺（Herbert A. Simon）著，荆其诚、张厚粲译：《人类的认知：思维的信息加工理论》，科学出版社 1986 年版。

Stuart J. Russell, Peter Norvig 著，殷建平、祝恩、刘越、陈跃新、王挺译：《人工智能——一种现代的方法》（第三版），清华大学出版社 2013 年版。

孙伟平：《价值哲学方法论》，中国社会科学出版社 2008 年版。

维纳著，郝季仁译：《控制论：或关于在动物和机器中控制和通信的科学》，北京大学出版社 2007 年版。

吴国盛：《科学的历程》（第二版），北京大学出版社 2002 年版。

肖锋：《本体论信息主义的若干侧面》，载《江西社会科学》，2011 年第 3 期。

新智元：《Google 人工智能击败欧洲围棋冠军，AlphaGo 究竟是怎么做到的》，http://www. leiphone. com/news/201601/5dD116ihICV2hCPk. html（访问时间：2016 年 01 月 28 日）。

亚里士多德著，余纪元等译：《工具论》，中国人民大学出版社 2003 年版。

杨国为：《人工脑信息处理模型及其应用》，科学出版社 2011 年版。

杨路：《计算机与智力：推理过程的机械化》，载《广州大学学报（综合版）》，2001 年第 2 期。

杨敏：《机器人医生沃森如何改变世界》，http://www. vcbeat. net/8766. html（访问时间：2015 年 01 月 12 日）。

余纪元、张志伟主编：《哲学》，中国人民大学出版社 2008 年版。

俞宣孟：《本体论研究》（第三版），上海人民出版社 2012 年版。

袁贵仁：《价值观的理论与实践——价值观若干问题的思考》，北京师范大学出版社 2013 年版。

约翰·波洛克（John L. Pollock）、乔·克拉兹（Joseph Cruz）：《当代认识论》，陈真译，复旦大学出版社 2000 年版。

张东荪：《认识论》，商务印书馆 2011 年版。

张守刚、刘海波：《人工智能的认识论问题》，人民出版社 1984 年版。

张田勘：《"沃森医生"——谁愿意找一台电脑看病?》，载《中国新闻周刊》，2011 年第 24 期。

张子云、曹鹏：《主体与协同：专家系统的发展方向》，载《计算机世界》，2007 年 10 月 29 日。

智能科学与人工智能：《专家系统》，http：//www. intsci. ac. cn/ai/es. html（访问时间：2015 年 3 月 19 日）。

周挺：《物理符号系统假设的历史回顾与思考》，浙江大学学位论文，2008 年。

周曾奎：《江苏省综合天气预报专家系统》，载《气象》，1993 年第 8 期。

祝魏玮、杨洋：《人机大战机器夺冠——"沃森"技术有望用于医疗》，载《科学时报》，2011 年 02 月 24 日。

英文文献：

A. Newell, H. Simon. "Computer Science as Empirical Inquiry", *Communication of the Association for Computing Machinery*, 1976, 9 (3).

A. M. Turing. "Computing machinery and intelligence", *Mind*, 1950 (236).

David Ferrucci, Eric Brown, Jennifer Chu - Carroll.... "Building Watson：An Overview of the DeepQA Project", *AI MAGAZINE*, 2010,

(3).

David Silver, Aja Huang, Chris J. Maddison, Arthur Guez, Laurent Sifre, George van den Driessche, Julian Schrittwieser, Ioannis Antonoglou, Veda Panneershelvam, Marc Lanctot, Sander Dieleman, Dominik Grewe, John Nham, Nal Kalchbrenner, Ilya Sutskever, Timothy Lillicrap, Madeleine Leach, Koray Kavukcuoglu, Thore Graepel1, Demis Hassabis. "Mastering the game of Go with deep neural networks and tree search ", *Nature*, 2016 – 01 – 28 (529): 484 – 489.

David Silver, Julian Schrittwieser, Karen Simonyan, Ioannis Antonoglou, Aja Huang, Arthur Guez, Thomas Hubert, Lucas Baker, Matthew Lai, Adrian Bolton, Yutian Chen, Timothy Lillicrap, Fan Hui, Laurent Sifre, George van den Driessche, Thore Graepel & Demis Hassabis. "Mastering the game of Go without human knowledge", *Nature*, 2017 – 10 – 19 (550): 354 – 359.

Edmund Gettier. "Is Justified True Belief Knowledge? ", *Analysis*, 1963, 23 (6).

Ferrucci D. A. "Introduction to "This is Watson"", *IBM Journal of Research and Development*. 2012, 1 (54).

George F. Luger. *Artificial Intelligence: Structures and Strategies for Complex Problem Solving* (*6th Edition*), Pearson, Addison Wesley, 2008.

IBM Systems and Technology. "Watson – A System Designed for Answers ", ftp://public. dhe. ibm. com/common/ssi/ecm/en/pow03061usen/POW03061USEN. PDF , 2011 – 02.

IBM. "What is Watson", http://www. ibm. com/smarterplanet/us/en/ibmwatson , and http://www. ibm. com/smarterplanet/us/en/ibmwatson/what – is – watson. html.

I. J. Good. "Speculations Concerning the First Ultraintelligent Machine". *Advances in Computers*, vol. 6. Academic Press, 1965.

Isaac Asimov. *Runaround*, Astounding Science Fiction, 1942.

John Haugeland. *Artificial Intelligence: The Very Idea*, Cambridge, Mass. : MIT Press, 1985.

John von Neumann. "First draft of a report on the EDVAC", *Annals of the History of Computing*, IEEE, 1993.

J. S. B. T. Evans and K. E. Stanovich. "Dual – Process Theories of Higher Cognition: Advancing the Debate", *Perspectives on Psychological Science*, 2013 – 8 (3).

Lenat D. B, Feigenbaum E. A. "On the Thresholds of Knowledge", *Artificial Intelligence*, 1991, 47 (1).

M. Bunge. *Treatise on Basic Philosophy Vol* 5, Dordrecht: D. Reidel Publishing Company, 1983.

MD Anderson News Release. "MD Anderson Taps IBM Watson to Power 'Moon Shots' Mission", http: //www. mdanderson. org/newsroom/news – releases/2013/ibm – watson – to – power – moon – shots – . html , 2013 – 10 – 18.

Nicola Jones. "The Learning Machines, Using massive amounts of data to recognize photos and speech, deep – learning computers are taking a big step towards true artificial intelligence", *Nature*, 2014 – 2 – 9 (505).

Patrick Henry Winston. *Artificial Intelligence* (3rd Edition), Pearson, Addison Wesley, 1992.

Rob High, Jho Low. "Expert Cancer Care May Soon Be Everywhere, Thanks to Watson", http: //blogs. scientificamerican. com/mind – guest – blog/2014/10/20/expert – cancer – care – may – soon – be – everywhere –

thanks – to – watson, 2014 – 10 – 20.

Sven Bertel. "Towards Attention – Guided Human – Computer Collabo-rative Reasoning for Spetial Configuration and Design", *Foundations of Aug-mented Cognition*. Springer Berlin Heidelberg, 2007.

Walter Isaacson. "Where Innovation Comes From", *The Wall Street Journal*: *The Saturday Essay*. 2014 – 09 – 26.

后 记

自 2009 年夏天走入华东师大的校门起，至今已整整度过了七年的时光。我在这里经历了我的硕士和博士阶段，回想往事，看书、思考、上课、讨论是我学习生涯的主旋律；但我能回忆到的却有更多，那大概是只属于我自己的精神财富，让我一遍一遍地去追忆，一遍一遍地去怀念。或许随着时间的推移，无人再会想起有我、有你、有他（她）一起共度的岁月；但我始终都会感怀，那些宛如昨天的往事。

我能想到的，首先便是感谢。

在这里，我要感谢我的导师郦全民教授。郦老师在学习、科研上教诲了我太多太多，也帮助了我太多太多；如果说我在硕博阶段思想上有些许成果的话，这些成果很大程度上都要归功于郦老师的指导。郦老师思想敏锐，眼界开阔，因此与郦老师聊天是我生活中的一大乐事，并不仅仅局限于学术，也会涉及社会、经济、政治等方方面面。真心希望自己和导师的师生情谊绵延永久。

这里，我还要感谢我的另一位老师——朱晶老师。朱晶老师在我硕士时代起就一直带领着我做各种课题，也教给了我很多科研的方法，用言传身教的方式让我对科研有了更深刻的理解与感受。

我要感谢冯棉教授与晋荣东教授。冯老师与晋老师对学生的学习与论文要求一向严谨、规范、细致，容不得半点偷懒；这也督促着我努力去养成严谨治学的习惯。我也要感谢安维复教授、何静老师、郁峰老师、傅海辉老师，各位老师在学习和生活上给了我太多太多的帮助。

最后，我要感谢我亲爱的父母，是他们给予了我无尽的支持与鼓励；每当我面临人生的抉择、站在四顾茫茫的十字路口的时候，是他们始终都坚定不移地站在我的身边。他们常说，我是他们的骄傲，实际上，他们才是我的骄傲。

我永远敬爱的母校——华东师大，从来都是那么地低调与深沉；我常常在想，如果不是她当年毫无保留地接纳了我，今天的我，会是什么样子呢？衷心期望母校的未来会更加美好，《常回家看看》，"我一定会回来的"。

2015 年的春夏，我在瑞典乌普萨拉大学度过了难忘的访学时光；那是一种别样的经历，让我至今都无比回味。每次听到 *Comforting Sounds* 的时候，思绪都仿佛瞬间回到异乡。愿这美好的记忆长留心间。

最后，再次感谢所有关心、帮助过我的亲爱的老师、同学、朋友们。愿你们的未来一切顺利，好人一生平安。

刘步青
于上海闵行·华东师大校园
2016 年 5 月

续后记

  本书《人机协同系统的哲学研究》主要内容来自于我在华东师范大学哲学系攻读博士学位时所写的毕业论文。自 2016 年 6 月博士毕业至今，已经整整两年过去了，这两年是人工智能飞速发展的两年，AlphaGo 的横空出世、自动驾驶技术的不断应用，都是人工智能发展的见证；可以想见，在未来的一段时间内，人工智能前进的脚步仍旧不会止歇。在这两年中，我也花费了很多时间和精力去继续探索人工智能与人机协同系统的相关问题，并不断完善和充实书中的内容。

  博士毕业之后，我来到了南京医科大学工作，在工作期间，教学、科研都得到了领导和同事的帮助，得到了家人和女友的支持和鼓励；并且我也成功申请到了"江苏高校哲学社会科学研究基金项目"——人机协同智能系统的推理机制及其哲学研究，本书即该研究项目的主要成果之一。

  书中还有很多不足之处，而未来的研究也依旧征途漫漫，衷心希望可以得到更多读者的批评和指正，以激励我继续探索未知的勇气。

刘步青

于南京医科大学明达楼

2018 年 6 月